ゲルファント やさしい数学入門

座標法

I.M.ゲルファント
E.G.グラゴレヴァ
A.A.キリロフ
坂本 實 訳

筑摩書房

И. М. Гельфанд, Е. Г. Глаголева, А. А. Кириллов
МЕТОД КООРДИНАТ
Изд. 7
©2007 С. Гельфанд, Е.Глаголева, А. Кириллов
Japanese translation rights arranged
through Japan UNI Agency, Inc., Tokyo.

本書をコピー、スキャニング等の方法により無許諾で複製することは、法令に規定された場合を除いて禁止されています。請負業者等の第三者によるデジタル化は一切認められていませんので、ご注意ください。

目　次

　読者のみなさんへ …………………………………… 007
　序　　文 …………………………………………………… 011
　第6版への序文 ………………………………………… 013
　はじめに ………………………………………………… 015

第1章　直線上の点の座標

　§1　　数 直 線 ……………………………………………… 018
　§2　　数の絶対値 …………………………………………… 024
　§3　　直線上の2点間の距離 ……………………………… 036
　§4*　線分を与えられた比に分割すること ……………… 046

第2章　平面上の座標

　§5　　座標平面 ……………………………………………… 056
　§6　　平面上の点の集合 …………………………………… 063
　§7　　平面上の点の距離 …………………………………… 075
　§8　　図形と方程式 ………………………………………… 081
　§9　　平面上の直線 ………………………………………… 088
　§10　　代数と幾何 …………………………………………… 105
　§11*　直交座標系以外の座標系 …………………………… 117

第3章　空間座標

　§12　　座標軸と座標平面 …………………………………… 133
　§13　　空間図形 ……………………………………………… 139
　§14　　空間における平面 …………………………………… 147
　§15　　空間における直線 …………………………………… 156
　§16*　直線と平面の相対的位置 …………………………… 169

第4章 4次元空間

- §17 はじめに ………………………………………… 181
- §18 4次元空間の幾何学 ………………………………… 193
- §19 4次元立方体 ………………………………………… 203

補充問題 …………………………………………………… 221
注 …………………………………………………………… 240
答・指示・解法 …………………………………………… 258
訳者あとがき ……………………………………………… 273
索　引 ……………………………………………………… 278

ゲルファント やさしい数学入門
座 標 法

読者のみなさんへ

　この本は，1964年10月の初版出版から40年以上経過した，今年，2007年の出版です．本書『座標法』は初版が出版された年の5月に開校した「通信制数学学校」の教科書シリーズの第1冊として書かれました（通信制数学学校は，現在の「全ロシア通信制多学科学校」（VZMSh）の1学科です）．

　その当時，つまり60年代中頃に，数学を専門とする初めての学級と学科が，モスクワ，レニングラードその他いくつかの大都市の寄宿学校に開設されました．

　これらの専門学級と専門学科はたいへん素晴らしいものでしたが，数が限られていて，おもに大都市に住む「幸運な」，それも少数の若者だけが学べる所でした．実状は，教員が不足していて，数学がどんなに面白いか，どんなに美しいか，しかも自然なものであるかを学生に伝えるのには不十分でした．

　通信制学校創設の趣旨は，この不足を補い，系統だった質の高い支援を行って，数学に興味をもった有能な若者たちが学習を深められるようにすることでした．

　ところで，この「通信制数学学校」とはどんなもので

しょう．

　創設者であり学生の指導にも携わった，現代における世界最高の数学者の一人，ゲルファントのスピーチを紹介しましょう．

　有能で数学に興味をもっているのに，僻地に住んでいるために質の高い指導を受けることができないという若者の助けになりたいと，私はいつも考えていました．私自身，数学を学び始めた頃には辺境の地にいて，2，3冊の本と先生とのよい関係だけが助けでした．数学の唯一の本は先生から頂いたもので，とてもありがたいことでした．今でも感謝しています．

　このような環境で勉強することがどんなに大変であるか，また，そのために本当の才能に恵まれた人材をどれほど失っているか，私はわかっています．私の理解では，まじめで数学に関心のある学生は大都市でないところにもいて，多くの能力ある指導者が必要とされていますが，寄宿学校だけではその数をまかないきれていません．

　そこで1963年に，親友であるモスクワ大学総長のペトロフスキー教授[1]に，彼の力で通信制の数学学校を創設するように提案しました．

---

1) ［訳注］イヴァン・ゲオルゲヴィッチ・ペトロフスキー（1901-73）．数学者．

この通信制学校の活動は次のようなものでした．国内のいろいろの地域，なかには大変な遠距離からも，数学に関心のある生徒を見つけだし，まじめに勉強するように指導し，学力水準を高めるように援助しました．通信制学校に採用された生徒には，彼らのための特別に書かれた本と課題とが送られました．

　生徒たちは，問題を解いて解答を学校に送ります．問題を解けなかったり間違えたりした生徒には個人的に指導を行い，正解を書いて教えるだけでなく，生徒が自分の答えを自分自身で修正できるように「ヒント」を与えることにしました．

　こうして，通信制学校で学ぶ大多数の生徒は課題との取り組み方を身につけます．そうして，生徒は「いい加減」でなくまじめに勉強するように習慣づけられました．実際，課題をこなすためには厳しい努力をしなければなりません．学習者は3年間に，そのような課題を20～25題こなさなければなりません．

　通信制学校の非常に重要な活動の1つは，優れた本を書くことです．その最初の本は，かつての私の学生と同僚との協力のもとで，私みずからが書きました．今，皆さんが手にしている本はその一冊です．これらの本は大変多くの人に読まれ，何十万冊も出版されました．おそらくこのような成功は，これらの本が独習に適していて，学びやすいからでしょう．

　私たちは，通信制学校の修了生の誰もが，将来数学

者として活動したいと考えておられるとは思っていません．将来どの道に進むにしても，ここで学んだことは生かされることでしょう．何はともあれ，ここでの学習において，内容はともかく，全くの独力でことを成し遂げる初めての経験となることでしょう．

私の行うべきことは，メジャースポーツでのチャンピオンの養成ではなく，知的水準一般を向上させることだと思っています．その点では，私はスポーツ・トレーナーでもなく，スポーツ・ドクターでもありません．数学を学ぶことによって学習者が得ることのできる最も大切なもの，高い水準の知力を獲得できるようにすることであると私は考えます．

以上はゲルファントが通信制学校の教員，学校の活動協力者を前にして行った講演の抜粋です．通信制学校の創設の目的とその活動の基本原則についての彼の考えが述べられています．

私たちは彼の考えに沿って，これまで努力し続けています．

　　　　　　　全口通信制学校　数学科組織委員会

序　文

　この本を読んで理解するには，中学・高校で学ぶ範囲外の特別な知識は必要ありません．さらに，この本では中学・高校で学んだ多くのことがら（たとえば，数の絶対値，簡単な不等式の解き方など）も重ねて説明します．

　しかしこの本は安易に読み流すのではなく，まじめに学ぶために書かれたものです．そこで，内容を理解するためには頑張って本文を読み，そして何と言っても，この本のたくさんの例題と練習問題に取り組まなければなりません．

　解答つきのどの例題も，それらの結果が後で使われるので，必ず自分で解かなければなりません．

　本書では図が大きな役割を果たしています．それらの図の多くは本文の理解を助け，解答のヒントを与えるでしょう．説明のための例になっている図もあれば，練習問題の答を図示したものもあります．

　読み進めていくための助けとして，欄外に「道路標識」のマークを付けてあります．読むときにはそれらに

注意してください[1].

「停車」標識は，先の内容を理解するために必要な知識・定義・式などが書かれている箇所に立てられています．この標識があるところでは，立ち止まって何回も読み返し，その内容を必ず記憶しておかなければなりません．

「急斜面」標識は，発展的な学習事項がある箇所に立てられています．小字の部分は，初めて読むときには読み飛ばして構いません．

特に注意しなければならないのは「急カーブ」の標識があるところです．この標識は，一見したところでは優しくて簡単であるかのように見える箇所にもたびたび設置されています．ここで十分に理解しておかないと，後で大きな過ちをおかすこともあり得ます．

みなさんの学習が実りあるものになりますよう！

---

[1] 「道路標識」はモスクワ大学のシャバト教授がこの本の初版に提案されたものです．

第 6 版への序文

本書の旧版（第 5 版）は 1973 年に出版されました．通信教育の学習状況はその当時から大きく変わり，本書の読者の範囲も広がりました．そこで，この新しい版では大幅な増補を行っています．

第 1 章には，ゲルファント教授の指摘で，与えられた比で線分を分割することに関する節を付け加えました（第 4 節）．この版で新たに追加した節には，目次に星印 * を付けてあります．

第 2 章では平面上の直線に関係する節を拡大しました（その 1 つは，直線の平行と垂直の問題についての第 10 節を，できるだけわかりやすいように書きかえました）．また，新たに第 11 節「直交座標系以外の座標系」を追加し，主として問題（前の版にはまったくありませんでした）を追加しました．

第 3 章には，空間における直線と平面についてのテーマを入れました（第 16 節「直線と平面の相対的位置」）．

第 4 章の変更はわずかな編集上の修正だけにとどめました．本文中の問題には変更はありません．

全体として，問題の数を大幅に増やしました．本文に詰め込み過ぎないよう，いくつかの問題は巻末の「補充問題」にまとめてあります．

　さらに，「注」，「答・指示・解法」を追加しました．

　これらの変更と追加の基本目的は，通信教育の40年間の変化に適応するためであることをお断りしておきます．残念ながら，ゲルファント教授とキリロフ教授はこの改訂には参加されませんでした．そのため，これまでの版でいつも読者から支持されてきた本書の簡潔さ，スマートさ，美しさが損なわれたのではなかろうかと案じております．もしそのようなことがあったり，そのほかにも至らぬところがあったりすれば，それは言うまでもなく私の責任です．読者の方々からこの本について，ご指摘，ご提案をいただければ大変ありがたいです．

　この機会に，この本の出版についてお世話になったE.Mラボッタ，N.E.サホル，A.マラチェヴァ各氏に感謝します．

E.G.グラゴレヴァ

はじめに

「座標法」とは，幾何学的図形を式に移す方法です（別の本である『関数とグラフ』で，逆に式を図にどのように移すかを考えます）．

この方法はフランスの哲学者であり数学者であるルネ・デカルトによって，350年以上も昔に考案されました．これは偉大な発明であって，数学だけでなく他の科学にも多大な影響を与えてきました．今日でも，座標法は至る所で使われています．たとえば，コンピュータやテレビなどで，ある地点から他の地点に画像を送るときに，視覚情報が数値情報に変換されることも，その逆も行われます．

まず最初に「座標法」を，「点や図の位置を数や記号で表す方法」として学びます．点の位置を表す数値を，点の座標と言います．

よく知られているように，「地理座標」によって地球表面上の地点の位置を知ることができます．地球表面には2つの座標，「緯度」と「経度」とがあります．

それに対して，たとえば人工衛星の位置を求めるには，人工衛星がいる真下の地点（地表）の緯度と経度の

ほかに，地表からの高さが必要です．こうして，空間における点の位置を定めるには，2個ではなく3個の数値が必要になります．

また，仮に人工衛星の軌道，すなわち飛行する道筋がわかっていれば，その曲線上の位置を明らかにするには，1つの数値，たとえば軌道上の何らかの点からの距離を明示すれば十分です．

まったく同じように，鉄道の線路上の位置が1キロメートル毎に立てられた標柱の番号で決められているとします．そのときには，この番号が線路上の点の座標になります．たとえば「第42番プラットホーム」は，数42がこの駅の座標であることを表します．

線は1次元，面は2次元，そして空間は3次元と言うことがあります．このとき，線，面，空間の次元の数は，それらにおける点の位置を定める座標の個数と解釈されます．

チェスでは独特の座標が用いられます．盤上の駒の位置は文字と数とで定められます．格子の縦位置をアルファベットで表し，横位置を数字で表すと，ここに描いた図では，白い駒は $a4$ 格子に，黒い駒は $c4$ 格子にあります．こうして，$a4$ を白駒の座標，$c4$ を黒駒の座標とみなすことができます．

チェスで座標を使うことにすると，手紙のやりとりでチェスをすることができます．手を知らせるためには，盤や駒の絵を描く必要はありません．たとえば「名人は

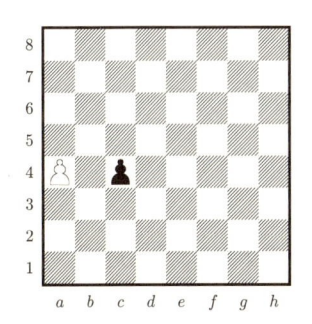

$e2$ から $e4$ へ手を打った」と言えば十分であって，そのような情報があれば，勝負がどう始まったかが誰にでもわかります．

数学で用いられる座標は，数を使って，空間の中，あるいは平面や線の上にある点の位置を確定できます．座標は様々な図形を「暗号化」して，その図形を数を用いて書くことができます．

座標法がとりわけ重要なのは，コンピュータをいろいろな計算のためだけではなく，幾何学的問題を解いたり，またどんな幾何学的図形であれそれらの間の関係を調べたりするのに便利だからです．

第1章　直線上の点の座標

座標とのおつきあいを，最も簡単である，直線上の点の位置を決めることから始めましょう．

§1　数 直 線

直線上の点の位置を定めるには，その直線に座標系を与えます．座標系は，測定の**原点**（図1.1では点 O），正の**方向**（図1.1では直線上の矢印の向き），そして測定の**単位**（図1.1では線分 OE）の3要素によって決まります．

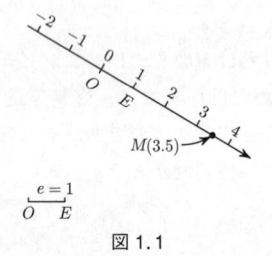

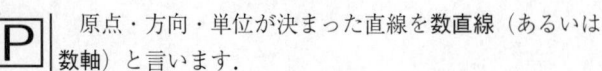

図1.1

原点・方向・単位が決まった直線を**数直線**（あるいは**数軸**）と言います．

数直線を図で描くには，水平な直線を使い，左から右

figure 1.2

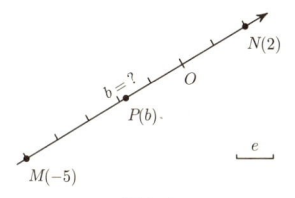

の方向を「正」とするのが普通です.

数直線上の点は,たとえば +2 のように数を1つ指定することでその位置が定まります.この場合,「+2」という数に対応する点が,原点から正の方向にちょうど2単位分離れた位置にあることを意味します(図1.2参照,この点を N とします).また,負の数,たとえば -5 を指定すれば,「-5」という数に対応する点は,原点から負の方向にちょうど5単位分離れた位置にあることになります(図1.2の点 M).

数直線上にある点の位置を示す数を,その点の**座標**と言います.

数直線上の点の座標は,原点からの距離(つまり数)と符号(つまり + か −)とを合わせたものです.原点からその点までの距離は,あらかじめ決められた長さの単位を基準にして測り,符号は,点が原点から正の方向にあるときは +,逆方向にあるときは − とします.原点(点 O)の座標は 0 です.

さらに,点を表す記号と組み合わせて,座標を $M(-5)$, $K(2.5)$, $P(b)$ のように書くことがあります.

このうち最初のものは座標が -5 である点 M を，次は座標が 2.5 である点 K を，最後は座標が b である点 P を表しています．もっと簡単に，「点 -5」「点 2.5」「点 b」と表すこともあります．

こうして，直線上のどの点にも1つの数——その座標——が対応し，逆に，どの数にも1つの点が対応します．このような対応を**1対1対応**と言います．

数直線上の点と数とが互いに1対1に対応するのは，当たり前のことのように思えるかもしれません．ところが，その厳密な意味を探ろうとした数学者たちは「数とは何か？」「点とは何か？」という極めて「素朴な」問に答えなければならないことに気づきました．こうした問は，いわゆる幾何学の基礎や数の公理系の問題へと発展していきます（巻末注1）．

数と点との間に対応関係を作ることで，数式を読み解かないで幾何学的な図形を描くことも，その逆をすることも可能になります．

ここで，これまでの内容をきちんと理解しているかどうかを確かめることにしましょう．理解できていれば，次の練習問題が簡単に解けるはずです．しかし難しいようであれば，これまでの内容が理解できていないか，あるいは忘れているのでしょう．もしそうなら，テキストをもう一度読んでください．はじめのほうの問題は，規則や式を一切使わずに答えられます．なるべく数直線をイメージして答えるようにしてください．

練習問題

1-1. 数直線を描き，その上に次の点をとりなさい．

$$A(-2), \qquad B\left(\frac{13}{3}\right), \qquad C(0)$$

1-2. 数直線上に点 $M(2)$ があります．この点 M から距離が 3 だけ離れたところに点 K があるとき，この点 K の座標を求めなさい．☒[1)]

1-3. 次のそれぞれ 2 点間の距離はいくらですか．

(a) $P(5)$ と $Q(3)$ (b) $S(-5)$ と $R(-3)$
(c) $P(5)$ と $R(-3)$ (d) $Q(3)$ と $S(-5)$

1-4. 数直線上に点 $A(-5)$ と点 $B(7)$ をとりなさい．そして，線分 AB の中点の座標を求めなさい．

1-5. 次の 2 点のうち，どちらが右側にありますか（左から右に向かう方向を正の方向とします）．図を描かずに答えなさい．

(a) $A(3)$ と $B(-4)$ (b) $A(3)$ と $C(4)$
(c) $D(-3)$ と $C(4)$ (d) $D(-3)$ と $B(-4)$
(e) $E(-3.5)$ と $B(-4)$
(f) $M\left(1\dfrac{1}{9}\right)$ と $N\left(1\dfrac{1}{8}\right)$
(g) $L(0.1001)$ と $K(0.0009)$
(h) $P\left(\dfrac{10}{9}\right)$ と $Q\left(\dfrac{11}{10}\right)$ ☒
(i) $R\left(\dfrac{1001}{102}\right)$ と $S\left(\dfrac{1002}{1003}\right)$

ここから先は，問題文のなかに数値だけでなく文字

[1)] ☒印のついた問題には，答（またはヒント）が巻末の「答・指示・解法」に載せてあります．

(これを「パラメータ」あるいは「媒介変数」と言います)が出てくるため，ここまでの問題よりは少し複雑です．難しければ文字の部分にいろいろな数値——正の数，負の数，1より大きな数，1より小さい数など（0も忘れずに）——を具体的に当てはめてみるとよいでしょう．

例として，次の問題を考えてみます．

2つの点 $A(a)$ と $B(-a)$ ではどちらが右側にありますか．

答えは1通りではありません．たとえば $a=3$ であれば A が B の右側にありますが，$a=-3$ であればどうなるでしょうか．このときには，点 $A(a)$ は $A(-3)$ となり，点 $B(-a)$ は $B(-(-3))$ すなわち $B(+3)$ となりますから，$B(+3)$ が $A(-3)$ よりも右側にあることになります．では $a=0$ の場合は？

☒印のついた問題，たとえば次の問題 1-6 の (a) には，前にも述べたように答（またはヒント）が巻末の「答・指示・解法」に載っているので参考にしてください．

練習問題

1-6. 次の2つの点のうち，どちらが右側にありますか．
 (a) $M(x)$ と $N(2x)$ ☒　　(b) $A(c)$ と $B(c+2)$
 (c) $A(x)$ と $B(x^2)$　　(d) $A(x)$ と $B(x-a)$
 (e) $A(x)$ と $B(-3x)$　　(f) $A(x+a)$ と $B(x+2a)$

1-7. 数直線上に，次の関係式を満たす点の集合[2]が与えられています．

(a) $x < 2$ (b) $x \leq 5$ (c) $2 < x < 5$
(d) $-3 \leq x$ (e) $-5 < x \leq 1$ (f) $x - 3 < 5$
(g) $x^2 \geq 4$ (h) $1 > x^2$

これらについて，次の問に答えなさい．

(1) それぞれの点の集合を数直線上に描きなさい．
(2) それぞれの点の集合を言葉で表しなさい．

問題 1-7 では数式を図形に移すこと，つまり「数の言葉」（数式）を「幾何の言葉」（図形）に移すことが求められています．今度は逆に，「幾何の言葉」で書かれた点の集合を数式に書き換える問題を考えましょう．

1-8. 直線上に点 $A(3)$ と点 $B(-5)$ があります．次の問に答えなさい．

(1) 次の点の集合 (a)〜(f) を表す数式を書きなさい．
(a) 原点を含む線分 AB．
(b) 原点を含まない線分 AB．
(c) 線分 AB を含まない直線．
(d) 両端点を含む線分 AB．
(e) 両端点を含まない線分 AB．
(f) 左端点を含まない線分 AB．
(2) 集合 (a)〜(f) を数直線上に図示しなさい．

1-9. 点 $M(2)$ を数直線に沿って -3 だけ，つまり負の方向に 3 だけ移動させると，M の座標はどうなりますか．

---

[2] ［訳注］与えられた条件を満たす点のすべての集まりを，「（その条件を満たす点の）**集合**」と言います．

1-10. 点 $P(-5)$ を数直線に沿って $+3$ だけ，つまり正の方向に 3 だけ移動させると，P の座標はどうなりますか（図 1.3 参照）．

図 1.3

1-11. 点 $A(a)$ を数直線に沿って b だけ移動させた点を A' とします（図 1.4 a, b 参照）．次の問に答えなさい．

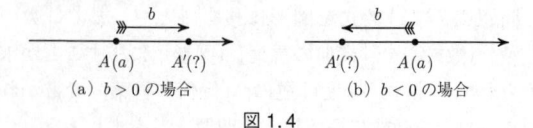

(a) $b > 0$ の場合 　　(b) $b < 0$ の場合

図 1.4

(1) 点 A' の座標を求めなさい．
(2) 点 A と点 A' の距離を求めなさい．

§2 数の絶対値

ある点の座標がわかれば，その点から原点までの距離は簡単にわかります．たとえば，点 $A(5)$ から原点までの距離は 5 で，点 $M(-7)$ から原点までの距離は $-(-7)$，すなわち $+7$ です（図 2.1）．

2 点間の距離を表すのにギリシャ文字の ρ （「ロー」と読む）を使うことがあります．$\rho(A, B)$ は点 A から点 B までの距離を表し，$\rho(O, M)$ は点 O から点 M までの距離を表す，といった具合です．

点 A と点 B が重なっていないときには，AB 間の距

§2 数の絶対値

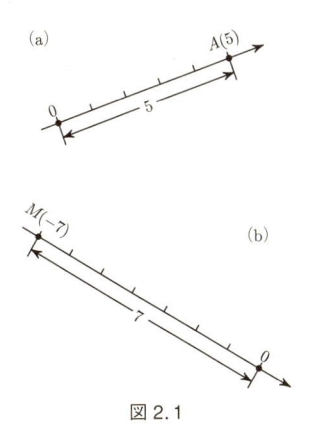

図 2.1

離 $\rho(A, B)$ は線分 AB の長さそのものです[3].

例題 1. 点 M の座標が a であるとき，M から原点までの距離は何と等しいですか．

解． まず，数直線上の点の座標について復習しておきましょう．

数直線上の点の**座標**とは，点が座標原点 O から正の方向にあれば，その点から原点までの距離そのものであり，負の方向にあれば，その点から原点までの距離に「$-$」をつけたものです．原点（点 O）の座標は 0 です．

---

3) ［訳注］原書では線分 AB の長さを $|AB|$ で表すことにしていますが，邦訳では数の絶対値記号との混乱を避けるため，その書き方は次ページで述べることにします．

このことから次のようになります．

- a が正の場合，点 $M(a)$ から原点までの距離は a，すなわちこの点の座標そのものです．
- a が負の場合，点 $M(a)$ から原点までの距離は，a（負の数）の符号を変えて $-a$（正の数）とします．
- a が 0 の場合，点 M は原点に一致するので距離は 0 です．

以上をまとめて，次のように書けます．

$$\rho(O, M) = \begin{cases} a & (a > 0 \text{ のとき}) \\ -a & (a < 0 \text{ のとき}) \\ 0 & (a = 0 \text{ のとき}) \end{cases}$$

この結果を，高等学校の数学で学ぶ，次の式で定義される数 a の**絶対値**と比べてみましょう．

$$|a| = \begin{cases} a & (a > 0 \text{ のとき}) \\ -a & (a < 0 \text{ のとき}) \\ 0 & (a = 0 \text{ のとき}) \end{cases}$$

これで，例題の答が得られました．

答． 点 $M(a)$ から原点 O までの距離は，点 M の座標 a の絶対値に等しい．

つまり，a を点 M の座標とすると

$$\rho(O, M) = |a|$$

となります．このことから，「絶対値 $|a|$ は幾何学的には，座標が a である点 M から原点までの距離，線分の長さ $|OM|$ に等しいとみなすことができる，つまり，$\rho(O, M) = |OM| = |a|$」という，重要な結論を得ます．

練習問題に移りましょう．

最初のほうの問題は図を描かなくてもそらで答えられます．ここで大事なポイントを1つ．絶対値記号｜｜はどんな数（正数，負数，0）にも付けられますが，絶対値そのもの（つまり絶対値記号の付いた数）は負数になりません．

練習問題

2-1. 次の (a)～(d) を，絶対値記号を使わずに表しなさい[4]．

(a) $|a^2|$, ただし $a<0$.
(b) $|a-b|$, ただし $a<b$.
(c) $|a-b|$, ただし $b<a$.
(d) $|-a|$, ただし a は負の数．☒

次の問題 **2-2** に答えるには，数 a の絶対値は点 $A(a)$ から原点 O までの距離であると考えればよいでしょう．

2-2. x が次の条件を満たすとき，点 $M(x)$ の数直線上の位置を答えなさい．

(a) $|x|=2$ (b) $|x|>3$ ☒
(c) $|x|\leqq 5$ (d) $3<|x|<5$
(e) $|x|=0$ (f) $|x|=-1$
(g) $1<|x^2|\leqq 4$

2-3. x が次の条件を満たすとき，式 $|x+3|$ を絶対値記号

---

[4] ［訳注］絶対値記号を使って表された数や式を，絶対値記号を使わない形に改めることを，「絶対値記号をはずす」とも言います．

を使わずに表しなさい.

(a) $x > 9$ (b) $x > -2$ (c) $x < -5$
(d) $x \geqq -3$ (e) $x < -3$ (f) $|x| > 3$

2-4. x が次の条件を満たすとき,式 $|-x-3|$ を絶対値記号を使わずに表しなさい.

(a) $x < -3$ (b) $x < 3$

2-5. 次の式の値が正になる場合の b の値と,負になる場合の b の値をそれぞれ求めなさい.

(a) $|-b| + 3$ (b) $|b| + (-3)$ (c) $3 - |b|$
(d) $-|b| - 3$ (e) $|-b-3|$ (f) $|b^2 + 1|$
(g) $|-b^2 - 1|$

2-6. 次の式 (a)〜(g) のうち,式のなかにある文字がどんな値であっても成り立つものには「+」印を,文字がどんな値であっても成り立たないものには「−」印を,値によって成立したりしなかったりする式には「±」印を付けなさい.

(a) $|x| = x$ (b) $|x|^2 = |x^2|$
(c) $-|x| = |x|$ (d) $x = -|x|$
(e) $|x| \geqq x$ (f) $|x| + |y| \geqq |x+y|$

2-7. 式 $\dfrac{|x|}{x}$ のとりうる値をすべて答えなさい.

2-8. 数直線上に点 $A(|x|)$ と点 $B(-x)$ があります.
(1) A と B ではどちらが右側にありますか.
(2) AB 間の距離を求めなさい.

2-9. 次の関係式を満たす x を数直線上に図示しなさい.

(a) $|x| = x$ (b) $|x-2| = x-2$
(c) $|2-x| = 2-x$ (d) $|2-x| = x-2$
(e) $|x-1| = |1-x|$ (f) $|x^2 - x| = x^2 - x$

例題2. 方程式
$$|x+1|+|x+2|=2 \qquad (2.1)$$
を解きなさい.

解. 左辺 $|x+1|+|x+2|$ の絶対値記号のはずし方は, 絶対値記号の付いたそれぞれの式の値が正か負かによって変わります. そこで, 数直線を次のように3つの区間 (部分) に分けます (図 2.2 参照).

(1) $x \geqq -1$
(2) $-2 < x < -1$
(3) $x \leqq -2$

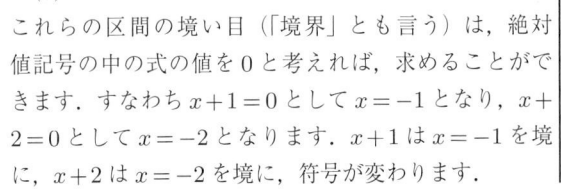

これらの区間の境い目 (「境界」とも言う) は, 絶対値記号の中の式の値を0と考えれば, 求めることができます. すなわち $x+1=0$ として $x=-1$ となり, $x+2=0$ として $x=-2$ となります. $x+1$ は $x=-1$ を境に, $x+2$ は $x=-2$ を境に, 符号が変わります.

方程式 (2.1) の解を, 区間ごとに求めましょう.

(1) $x \geqq -1$ の場合. このとき $x+1 \geqq 0$, $x+2 > 0$ だから, $|x+1|=x+1$ であり, $|x+2|=x+2$ です. 方程式 (2.1) は
$$x+1+x+2=2, \text{すなわち } 2x+3=2$$
となり, 結局

図 2.2

$$x = -\frac{1}{2}$$

となります.

$-\dfrac{1}{2}$ は条件 $x \geq -1$ を満たす（考えている区間のなかにある）ので，この区間では方程式 (2.1) はただ1つの解として $x = -\dfrac{1}{2}$ をもちます[5].

<u>(2) $-2 < x < -1$ の場合</u>. このとき，$x+1 < 0$ であり，$x+2 > 0$ ですから，$|x+2| = x+2$ であり，$|x+1| = -(x+1)$ です. こうして，方程式 (2.1) は

$$1 = 2$$

の形になります（!）.

x が -2 から -1 までのどんな数であっても，上の等式 $1 = 2$ は正しくありません. つまり，この区間には方程式 (2.1) の解はありません.

<u>(3) $x \leq -2$ の場合</u>. (1)，(2) と同様に考えれば，方程式 (2.1) はもう1つの解をもつことがわかるでしょう.

答. 方程式 $|x+1| + |x+2| = 2$ の解は，

$$x = -\frac{1}{2} \ \text{と} \ -\frac{5}{2}$$

---

[5] このことは，連立方程式

$$\begin{cases} x \geq -1 \\ 2x+3 = 2 \end{cases}$$

を解くことと同じです.

§2 数の絶対値

です.

このように場合分けの方法を用いると,絶対値を含む多くの問題が解けます.次の例題3を各自で解き,例題2の結果と比べなさい.

例題 3. 次の方程式を解きなさい.
$$|x+1|+|x+2|=1 \tag{2.2}$$

練習問題

2-10. 次の方程式を解きなさい.
 (a) $|x+3|+|x-1|=5$ (b) $|x+3|-|x-1|=5$
 (c) $|x+3|+|x-1|=4$ ⊠ (d) $|x+3|-|x-1|=4$
 (e) $|x+3|+|x-1|=3$ (f) $|x+3|-|x-1|=3$

今度は,例題2の方程式 (2.1) を不等式に変えて,次の問題を解いてみましょう.

例題 4. 不等式
$$|x+1|+|x+2|<2$$
を満たす点の集合を数直線上に図示しなさい.

解. 例題2と同じく,3通りの場合

 (1) $x \geqq -1$
 (2) $-2 < x < -1$
 (3) $x \leqq -2$

を考えます.

(1) $x \geqq -1$ の場合. このとき $|x+1|=x+1$ であり,$|x+2|=x+2$ だから,
$$x+1+x+2<2$$

P

つまり

$$2x+3<2, \text{ すなわち } x<-\frac{1}{2}.$$

これに条件 $x \geqq -1$ を付け加えると，

$$-1 \leqq x \text{ であり，しかも } x<-\frac{1}{2}$$

となり，結局

$$-1 \leqq x < -\frac{1}{2}$$

が解の一部分であることがわかります．

(2) $-2<x<-1$ の場合．このとき $|x+1|=-x-1$ であり，$|x+2|=x+2$ だから，

$$-x-1+x+2<2, \text{ すなわち } 1<2.$$

x が $-2<x<-1$ のどんな値であっても不等式 $1<2$ は成り立つので，この区間のすべての x が不等式の解になります．つまり，

$$-2<x<-1$$

が求める解の一部であるとわかります．

(3) $x \leqq -2$ の場合．このとき $|x+1|=-x-1$ であり，$|x+2|=-x-2$ だから，

$$-x-1-x-2<2$$

つまり

$$-2x<5, \text{ すなわち } x>-\frac{5}{2}.$$

この結果に条件 $x \leqq -2$ を付け加えると，求める解の一

部として
$$-\frac{5}{2} < x \leqq -2$$
を得ます.

最終的な答,すなわちもとの不等式の解は,上の3つの区間でそれぞれ得られた解を統合したものです.

答. 不等式 $|x+1|+|x+2|<2$ の解は,
$$-\frac{5}{2} < x < -\frac{1}{2}$$
です(図2.3を参照)[6].

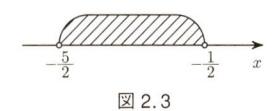

図 2.3

練習問題

2-11. (1) 例題4の結果を利用して,不等式 $|x+1|+|x+2| \geqq 2$ を満たす x の範囲を(式は書かないで)答えなさい.

(2) 不等式 $|x+3|+|x+2|<4$ を解きなさい.

(3) 練習問題 2-10 の各等式の等号(=)を不等号(< と >)に変えた不等式を解きなさい.

この節の終わりに,方程式や不等式(たとえば練習問題 2-11)を解くときに使うと便利な絶対値の性質をい

---

[6] 図中の白丸はその点が集合に含まれないことを示し,黒丸は含まれることを示しています.

くつか述べておきます．

(1) $|-a|=|a|$．

すなわち，正負の符号の違う（正負が反対の）数の絶対値は等しい．

(2) $|a|=|b| \iff a=b$ または $a=-b$[7]．

すなわち，2つの数の絶対値が等しければ，これらの数は互いに等しいか，または符号が逆です．

P

(3) $|x|<a \iff -a<x<a$．

すなわち，不等式 $|x|<a$ は不等式の対「$x>-a$ かつ $x<a$」と同値です．

(4) $|x|>a \iff x<-a, x>a$．

すなわち，不等式 $|x|>a$ は不等式の対「$x<-a$ かつ $x>a$」と同値です．

(5) $|x|+|y|=0 \iff x=0, y=0$．

すなわち，等式 $|x|+|y|=0$ は方程式の対「$x=0$ かつ $y=0$」と同値です．

これらの性質を使うと，問題を簡単に解ける場合があります．たとえば性質5を使うと，

$$|x^2-1|+|x^2-3x+2|=0$$

のように見かけは複雑な方程式でも，暗算で解くことができます．

実際に解いてみましょう．2つの絶対値の和が0に

---

[7] ［訳注］2つの命題 p, q について，「p ならば q であり，かつ q ならば p である」ことが正しいとき，p と q は同値であると言い，$p \iff q$ と書きます．

なるのは，それぞれの絶対値がともに 0 であるときであり，そのときに限られます．そこで $x^2-1=0$ を解くと $x=1$ または -1 で，$x=1$ を x^2-3x+2 に代入して $1-3+2=0$ となることから，$x=1$ はこの方程式の解であることがわかります．次に $x=-1$ について考えると，式 x^2-3x+2 が 0 になるためには（2 が正の数，x^2 は 0 以上であることから）$-3x$ が何らかの負の数にならなければなりませんが，$x=-1$ であれば $-3x$ は正の数になりますから，代入するまでもなく $x=-1$ は解でないことがわかります．したがって，$x=1$ だけが解であるということになります．

次の練習問題の方程式は，絶対値の性質を使えば簡単に解けます．

練習問題
2-12. 次の方程式を解きなさい．
 (a) $|x^2-1|+|x-1|=0$
 (b) $|x^2-1|-|x-1|=0$
 (c) $|x^2-3x+2|+|x-1|=0$
 (d) $|x^2-3x+2|-|x-1|=0$
 (e) $|x^2-3x+2|+x-1=0$
 (f) $|x^2-1|-x=1$
 (g) $|x^2-1|+x=1$
 (h) $|x^2-1|-|x-1|=1$
 (i) $|x^2-3x+2|+|x^3-4x^2+5x-2|=0$
 (j) $|x^2-3x-4|+|x^5+2x^4+17x^3+2x+18|=0$
 (k) $|x^2-6x-11|-16=0$

(l) $|x^2-6x-11|+16=0$
(m) $|x-1|-|3-x|+|x+1|+3=0$
(n) $|x-3|+\dfrac{1}{x}=1$

2-13. 練習問題 2-12 の各方程式を，等号を含まない不等号（> か <），等号を含む不等号（≧ か ≦）に書き換え，それらの不等式を解きなさい． ☒

§3 直線上の 2 点間の距離

数直線上の 2 点間の距離を，それらの点の座標から計算することはすでに学びました（たとえば，21 ページの練習問題 1-3）．この種の問題をもう少し解きましょう．

練習問題
3-1. 次の 2 点間の距離を求めなさい．
(a) $A(-1)$ と $B(3)$
(b) $P(0.0001)$ と $Q(132)$
(c) $M(-2)$ と $N(-87)$

これらの問題に答えるのは難しくはないでしょう．それは，点の座標がわかれば，どちらの点が右側でどちらが左側にあるのか，原点との関係はどうかといったことがわかるからです．それに，座標がわかれば 2 点間の距離を求めるのも簡単です．もちろん，これらの点を数直線上に描くことも，ましてや正確な目盛りで描くことも必要ありません．実際，図に描くことが困難な場合さ

えあります（たとえば練習問題 3-1 の (b)）．

ここで，直線上の 2 点間の距離に関する一般的な式を求めることにしましょう．

点の位置が座標によって与えられているとします．私たちが求めたいのは，2 点間の距離を計算するための一般的な規則であって，点が直線上のどんな位置にあっても適用できるものでなければなりません．

この規則を導く際には図を頼りにしても構いませんが，規則そのものが図を参照してはいけません．そして，求めるべき数（2 点間の距離）を得るために，与えられた数（点の座標）に対してどんな操作をどんな順序で行うかを明確にしなければなりません．図を描いて距離を求めることが難しいとき——たとえば練習問題 3-1 (b) のように，大きい値の座標と小さい値の座標をもつ点の場合——にも使える一般的なルールでなければなりません．「解析的」に（数のみを用いて）距離を求める方法が，図上で直接測るよりも正確であることは明らかです．

さて，直線上の 2 点間の距離を求める問題をきちんとした形で述べることにします．

例題 1. 直線上に 2 つの点 $A(x_1)$ と $B(x_2)$ があるとします．これらの点の距離 $|AB|$ を求めなさい．

解． ここでは点の座標の具体的な値はわかっていないので，A, B, O（原点）の 3 点がとり得る位置関係について，考えられるすべての場合を検討する必要があ

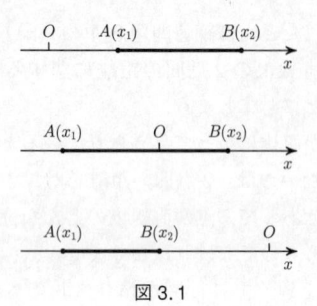

```
     O     A(x₁)          B(x₂)
─────┼──────●━━━━━━━━━━━━━━●──────▶
                                  x

           A(x₁)      O     B(x₂)
─────●━━━━━━━━━━━━━━━┼━━━━━━●─────▶
                                  x

           A(x₁)     B(x₂)        O
─────●━━━━━━━━━●────────────┼─────▶
                                  x
```

図 3.1

ります．その場合分けを，線分 AB の端点——つまり 2 点 A, B ——が原点 O とどんな位置関係にあるかによって行います．いずれの場合にも，点 A, B のそれぞれから原点までの距離（計算の方法は 26 ページで学びました）を使って，求める距離 $|AB|$ を計算することにします．

A が B の左側にある場合には，3 通りの位置関係が考えられます（図 3.1）．

位置関係の 1 つ目は A と B がともに O より右側にある場合（図 3.2）で，このとき $|AB|$ は A から O までの距離と，B から O までの距離との<u>差</u>に等しくなります．x_1 と x_2 がともに正の数であることも考慮して，
$$|AB| = |x_2| - |x_1| = x_2 - x_1$$
となります．

2 つ目は A が O の左側，B が O の右側にある場合で（図 3.3），このとき $|AB|$ は B から O までの距離と，A から O までの距離の<u>和</u>に等しくなります．

図 3.2

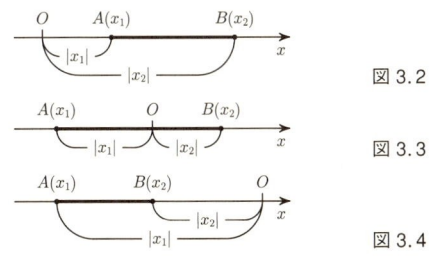

図 3.3

図 3.4

この場合，A の座標 x_1 は負であるから，結局
$$|AB| = |x_2| + |x_1| = x_2 + (-x_1)$$
つまり，第一の場合と同じく $|AB| = x_2 - x_1$ となります．

3つ目は A と B がともに O より左側にある場合（図3.4）で，このとき2点の座標はともに負になります．この場合も上の2つと同じ結果が得られることを各自で確かめなさい．

A が B の右側にあるときも3つの場合に分けられますが，それらはいずれも，A と B の役割，つまり x_1 と x_2 の役割が上での考察と入れ替わるだけです．したがって A が B の右側，すなわち $x_1 > x_2$ であるときは
$$|AB| = x_1 - x_2$$
となります．

以上をまとめると，$x_1 < x_2$ のとき $|AB| = x_2 - x_1$，$x_1 > x_2$ のとき $|AB| = x_1 - x_2$ となります．

数の絶対値の定義を思い起こせば，ここに場合分けした6つのすべてを1つにまとめて，

$$|AB| = |x_2 - x_1|$$

と書けます．もちろん $|AB| = |x_1 - x_2|$ と書いても同じことです．

さらに丁寧に考えるなら，$x_1 = x_2$ の場合，すなわち A と B とが重なって2つの座標が一致する場合を考えなければなりませんが，このときも $|AB| = |x_2 - x_1|$ であることは明らかです（巻末注2）．

また，A と B のどちらか一方が O と一致する場合，すなわち $x_1 = 0$ または $x_2 = 0$ の場合にこの式が成り立つことは，図からただちにわかります．

こうして，例題の距離を求める問題は完全に解けました．

答． 点 $A(x_1)$ と点 $B(x_2)$ との距離は，式

$$|AB| = |x_1 - x_2| \tag{3.1}$$

で決まります．

この式は上に挙げたすべての場合について成り立つので，この式を使えば図に頼らずに2点間の距離を求めることができます（巻末注3）．非常に簡単なこの式が数直線上の2点間の距離の式であり，多くの場合に問題をより明瞭にし，解くことを容易にします．

たとえば，不等式 $|x-5| \leqq 3$ を解くことを考えましょう．数直線をいくつかの区間に分けなくても，図を描けばすぐに答えが求まります．実際，図の上ではこの不等式を解くとは，点 $C(5)$ までの距離 $|x-5|$ が3に等しいかそれより小さい点 x を求めることを意味します．

点 $C(5)$ からの距離が 3 である点は，点 A と点 B の 2 つです．これらの点を数直線上にとりましょう（図 3.5）．

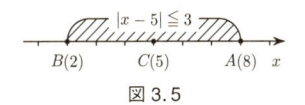

図 3.5

不等式の解は，まず，点 A と点 B（小さい黒丸）であり，次に点 A，点 B，点 C を含む区間のすべての点（斜線）です．したがって，答は $2 \leqq x \leqq 8$ となります．

このような解法を「幾何学的方法」と呼ぶことにしましょう．この方法で問題を解くときは図を描くこと，それが解答になります．

練習問題

3-2. つぎの不等式を幾何学的方法で解きなさい．
(a) $|x-7| < 3$
(b) $|x-2| > 1$
(c) $|x+3| \geqq 3$

3-3. 点 $B(b)$ に関して $A(a)$ と対称な点を求めなさい．☒

3-4. 図 3.6 (a)〜(d) は次の 4 つの不等式の解を図示したものです．
（ア）$|x-7| > 3$　（イ）$|x-2| < 1$
（ウ）$|x+3| \geqq 3$　（エ）$|x+1| \leqq 2$
(1) (a)〜(d) はそれぞれ（ア）〜（エ）のどれに対応していますか．

図 3.6

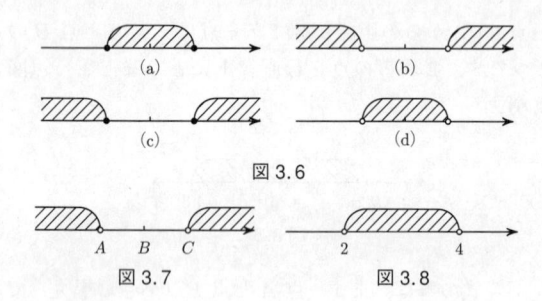

図 3.7　　　　　　　　図 3.8

(2) 図をノートに写し，区間の端点の座標を書きなさい．

3-5. 図 3.7 は不等式 $|x+a|>b$ の解を図示したものです．

(1) 3 点 A, B, C の座標をそれぞれ a, b を用いて表しなさい．

(2) A から C までの距離を a, b を用いて表しなさい．

(3) 絶対値記号を使わないで $|b|$ を表すとどうなりますか．

3-6. 図 3.8 は「2 重の」不等式 $2<x<4$ を満たす点の集合を図示したものです（両端を除く）．

この区間を 1 つの不等式で（つまり不等号を 1 つしか使わずに）表しなさい．

3-7. 次の不等式の解を図示しなさい．

(a) $|x-a|<b$　　(b) $|x-a|>b$
(c) $|x-a|\leq b$　　(d) $|x-a|\geq b$

3-8. ある点までの点 $A(-3)$ からの距離は，点 $C(2)$ からの距離の 2 倍です．この点の座標を求めなさい．

ここで，29，31 ページで扱った 2 つの方程式，

$$|x+1|+|x+2| = 2 \qquad (2.1)$$
$$|x+1|+|x+2| = 1 \qquad (2.2)$$

をもう一度考えます[8]．この2つの方程式を幾何学的に解釈してみましょう．

各方程式の左辺の $|x+1|$ を，ある点 $N(x)$ から点 $A(-1)$ までの距離と解釈し，$|x+2|$ をこの点 $N(x)$ から点 $B(-2)$ までの距離と解釈します．このとき，方程式 (2.1) を解くことは，点 $A(-1)$ までの距離と点 $B(-2)$ までの距離の和が2となる点 $N(x)$ を求めることを意味します．同様に方程式 (2.2) を解くことは，点 $A(-1)$ までの距離と点 $B(-2)$ までの距離の和が1となる点 $M(x)$ を求めることを意味します．

方程式 (2.2) の解を求めましょう．

図3.9からわかるように，線分 AB 上のどの点も方程式 (2.2) を満たすことは，この点 N から両端までの距離の和がこの線分の長さに等しいことからわかります．また，線分 AB 上にない（つまり区間外の）どの点も方程式 (2.2) を満たさないことは明らかです．

あとは，この結果を数式で表すだけです．

答． 方程式 (2.2) の解は，
$$-2 \leqq x \leqq -1$$
を満たすすべての x です．

---

[8] ［訳注］方程式 (2.1) は例題2で解かれていて，方程式 (2.2) は例題3として解くことが読者の課題でした．

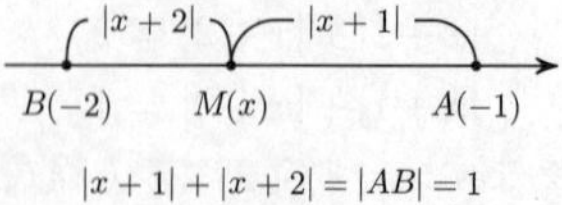

```
          ┌ |x+2| ┐┌ |x+1| ┐
  ━━━━━━━━┿━━━━━━━┿━━━━━━━━┿━━━━━━━▶
       B(−2)    M(x)     A(−1)
```

$$|x+1|+|x+2|=|AB|=1$$

図 3.9

なお，方程式 (2.1) の解は区間 AB の外側に 2 つあり，この区間 AB の中心に関して対称な位置にあることが容易にわかります（図 3.10）．したがって (2.1) を幾何学的に解くときには，区間

$$-2 \leqq x \leqq -1$$

を考える必要はありません．

こうして期待通り，29〜31 ページの「代数的」解法による結果（そのときには，絶対値記号を「区間ごとに」はずしました）とまったく同じ結果が得られました．

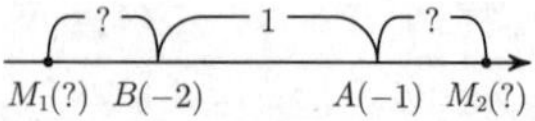

```
     ┌  ?  ┐┌━━ 1 ━━┐┌  ?  ┐
  ━━━┿━━━━━┿━━━━━━━━┿━━━━━┿━━▶
   M₁(?) B(−2)    A(−1) M₂(?)
```

図 3.10

練習問題

3-9. 次の方程式について，その解が数直線上のどの区間にあるか，方程式を解かずに答えなさい．

(a) $|x-1|+|x|=2$ (b) $|x|-|x+3|=1$

3-10. 方程式 $|x+1|+|x-1|=1$ が解をもたないことを幾何学的に説明しなさい．

3-11. 方程式 $|x-1|+|x+2|=5$ の解が 2 と −3 であることを利用して，次の不等式を幾何学的方法で解きなさい．

(a) $|x-1|+|x+2|>5$ (b) $|x-1|+|x+2|\geqq 5$
(c) $|x-1|+|x+2|<5$ (d) $|x-1|+|x+2|\leqq 5$

3-12. 次の方程式の解の個数はパラメータ a の値によってどのように変わりますか.
(a) $|x+3|+|x-1|=a$ (b) $|x+3|-|x-1|=a$

3-13. 方程式 $|a-x|=|b-x|$ を幾何学的方法で解きなさい.

例題 2. 数直線上に異なる 2 つの点 $A(x_a), B(x_b)$ が与えられています(図 3.11).線分 AB の中点 C の座標を求めなさい.

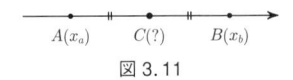

$$\begin{array}{c} \bullet \quad \bullet \quad \bullet \\ A(x_a) \quad C(?) \quad B(x_b) \end{array}$$
図 3.11

解. 求める点 C の座標を x_c で表します.この点 C が線分 AB の中点であるための,すなわちこの点がこの線分の両端から等距離にあるための条件は

$$|x_c - x_a| = |x_c - x_b|$$

で表されます.等号を挟む左右の絶対値が等しいとき,それらの値は等しいか,正負が逆かのどちらかです.つまり,

$$|x_c - x_a| = |x_c - x_b| \iff \begin{cases} x_c - x_a = x_c - x_b \\ \text{または} \\ x_c - x_a = -(x_c - x_b) \end{cases}$$

問題の条件より $x_a \neq x_b$ だから,この方程式の組のうち最初のものは明らかに解をもちません.x_c について

の式は後の方程式から得られます．

答． 線分の中点の座標は

$$x_c = \frac{x_a + x_b}{2}. \tag{3.2}$$

練習問題

3-14. 点 A と点 B の座標はそれぞれ

(a) 45, 51　　(b) 0, -3　　(c) -15, 3

であるとします．これらの3つのそれぞれの場合について，次の問に答えなさい．

(1) 線分 AB の中点 C の座標を求めなさい．

(2) 点 B は線分 AD の中点です．点 D の座標を求めなさい．

(3) 点 A は線分 BE の中点です．点 E の座標を求めなさい．

3-15. 点 $A(x)$ と点 $B(a-x)$ は点 $C\left(\dfrac{a}{2}\right)$ に関して対称であることを証明しなさい．

3-16. (1) 線分 AB 上に点 C があって，点 C から点 $A(-1)$ までの距離が，点 C から点 $B(2)$ までの距離の2倍であるとき，点 C の座標を求めなさい．

(2) 直線 AB 上に点 C があって，点 C から点 $A(-1)$ までの距離が，点 C から点 $B(2)$ までの距離の2倍であるとき，点 C の座標を求めなさい．☒

§4* 線分を与えられた比に分割すること

定義1. 線分 AB 上に点 C があって，AC 間の距離と BC 間の距離の比が $\lambda:1$ であるとき，すなわち $|AC|:|BC|=\lambda:1$ であるとき，点 C は線分 AB を λ:

§4* 線分を与えられた比に分割すること

1の比に**分割する**と言います[9)].

例を挙げましょう.

線分の中点は線分を $1:1$ の比に分割します（図4.1）. このとき, $\lambda = 1$ です.

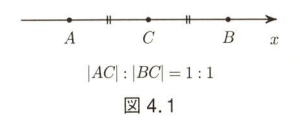

```
―――•――‖――•――‖――•―――→
    A       C       B     x
```
$|AC| : |BC| = 1 : 1$

図4.1

数直線上の点 $M(0.3)$ が長さ 1 の線分（単位線分）を $3:7$ に分割するとき（図4.2），$\lambda = \dfrac{3}{7}$ です.

```
―+―+―+―+―+―+―+―+―+―+―+―→
 O M(0.3)           O'    x
```
$|OM| : |O'M| = 3 : 7$

図4.2

また，さきほどの練習問題 **3-16** の (1) で求めた点 C は，線分 AB を $2:1$ の比に分割します（図4.3）. このときは $\lambda = 2$ です.

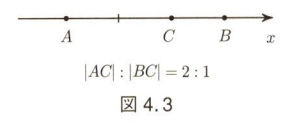

```
―――•―――――――•――•―――→
   A         C   B    x
```
$|AC| : |BC| = 2 : 1$

図4.3

---

9) ［訳注］4 つの数 a, b, c, d の間に $a : b = c : d$ が成り立っているとき, $\dfrac{a}{b} = \dfrac{c}{d}$ であることから両辺に bd を掛けて $ad = bc$ が成り立ちます.
　　これを利用すると $\lambda = \dfrac{|AC|}{|BC|}$ となり，λ のことを**比の値**と言います.

もう一度，練習問題 3-16 に戻りましょう．

例題 1. (1) 線分 AB 上に点 C があって，点 C から点 $A(-1)$ までの距離が，点 C から点 $B(2)$ までの距離の 2 倍であるとき，点 C の座標を求めなさい．

(2) 直線 AB 上に点 C があって，点 C から点 $A(-1)$ までの距離が，点 C から点 $B(2)$ までの距離の 2 倍であるとき，点 C の座標を求めなさい．

問題 (1)，(2) は同じことを問うているように見えるかもしれませんが，そうではありません．表現をほんのわずかに変えることで内容や答えが大きく変わることもあるのです．

この 2 つの問題に示されている条件を式に書くと，どちらも

$$|x_c+1| : |x_c-2| = 2 : 1 \text{ すなわち } |x_c+1| = 2|x_c-2| \tag{4.1}$$

となります．違いはここからです．

(1) の場合は，点 $C(x_c)$ が<u>線分 AB 上</u>にあることがわかっています．このとき，$-1 < x_c < 2$ であることは明らかですから，絶対値記号をはずすと

$$|x_c+1| = x_c+1, \qquad |x_c-2| = 2-x_c$$

となります．

ここから<u>ひとつの方程式</u> $x_c+1 = 2(2-x_c)$ が得られ，求めるべき点 $C(x_c)$ の座標として<u>ただひとつの値</u>

$$x_c = 1$$

が定まり，求めている点，$C(1)$ が得られます．

§4* 線分を与えられた比に分割すること　049

(2) の場合には，求める点と線分 AB の端点との位置関係がわかっていないため，方程式 (4.1) を解く際には「2つの数（または式）の絶対値が等しければ，それらの数（または式の値）は等しいか，符号が違うかのどちらかである」ことを考慮しなければなりません．

このことを式に表すと次のようになります．

$$|x_c+1| = 2|x_c-2| \iff \begin{cases} x_c+1 = 2(x_c-2) \\ \text{または} \\ x_c+1 = -2(x_c-2) \end{cases}$$

矢印の右側に示された方程式の組のうち，上の方程式から

$$x_c = 5$$

が得られます．

下の方程式も (1) と同様に解くと，その解は $x_c=1$ です．

このように，この問題では点 $C(x)$ の座標として<u>2つの値 $x=1$ と $x=5$，つまり $C_1(1), C_2(5)$ が得られます</u>が，どちらの場合にも条件 $\rho(A,C):\rho(B,C)=2:1$ を満たします．

図 4.4 より点 $C_1(1)$ は線分 AB の**内側**（つまり線分上）にあり，他方，点 $C_2(5)$ はこの線分の**外側**にあることがわかります．

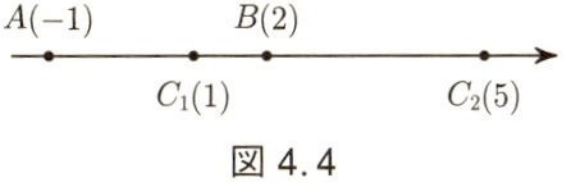

$$\underset{\substack{\\}}{A(-1)} \quad \underset{C_1(1)}{\overset{B(2)}{\bullet}} \quad \underset{C_2(5)}{\bullet} \longrightarrow$$

図 4.4

ここで,「点 C_2 が線分 AB を分割する」ということをどう解釈したらよいでしょうか?

誤解のないようにするために,定義1(46ページ)をさらに厳密な形にしましょう.

定義2. 点 C が線分 AB の内側にあって $|AC|:|CB|=\lambda:1$ であれば,この点 C は線分 AB を $\lambda:1$ の比に**内分する**と言い,点 C が線分 AB の外側にあって $|AC|:|CB|=\lambda:1$ であれば,この点 C は線分 AB を $\lambda:1$ の比に**外分する**と言います.

上の例題1では,点 $C_1(1)$ が線分 AB を $2:1$ の比に内分し,点 $C_2(5)$ がこの同じ線分を $2:1$ の比に外分します.

次に,線分の分割問題を一般化した形で解くことにします.

例題2. 点 C は端点が $A(a), B(b)$ である線分を $\lambda:1$ の比に分割します.この点 C の座標を求めなさい.

解. 点 C の座標を c とすると,条件から
$|c-a|:|c-b|=\lambda:1$ すなわち $|c-a|=\lambda\cdot|c-b|$
であり,問題の意味より λ は正の数ですから
$$|c-a|=|\lambda\cdot(c-b)|$$
となります.2つの数の絶対値が等しければ,それらの数は等しいか,符号が違うかのどちらかですから,

$$|c-a|=|\lambda\cdot(c-b)| \iff \begin{cases} (c-a)=\lambda\cdot(c-b) \\ \text{または} \\ (c-a)=-\lambda\cdot(c-b) \end{cases}$$

矢印の右側の方程式の組のうち，下の方程式を満たす c を c_1，上の方程式を満たす c を c_2 とすると，求める座標は次のようになります．

$$c_1 = \frac{a + \lambda \cdot b}{1 + \lambda} \qquad (4.2)$$

$$c_2 = \frac{a - \lambda \cdot b}{1 - \lambda} \qquad (4.3)$$

例題 2 で見たように，与えられた比に線分を分割する問題は，一般に 2 つの解をもちます．式 (4.2) は線分 AB 上にある点，すなわち線分を与えられた比に**内分**する点を決定し，式 (4.3) はこの線分の外にある点，すなわち線分を与えられた比に**外分**する点を決定します．

練習問題

4-1. 次の点は線分 AB をどんな比に分割（内分または外分）しますか．
  (a) 線分 AB の中点．
  (b) 点 B に関して，点 A と対称な点．
  (c) 点 A に関して，点 B と対称な点．
  (d) 点 A に関して，線分 AB の中点と対称な点．
  (e) 点 B に関して，線分 AB の中点と対称な点．
  (f) 点 A．
  (g) 点 B．

4-2. 点 $A(0), B(10)$ を両端とする線分が，点 K, L, M, N によって 5 等分されます．次の問に答えなさい．
  (a) これらの点が線分 AB を内分する比を求めなさい．
  (b) 点 K, L, M, N と同じ比で線分 AB を外分する点 K',

L', M', N' の座標を求めなさい．

式 (4.2) と式 (4.3) の違いは λ の符号だけで，λ そのものはどの式においても正の数でなければなりません．なぜなら λ は距離の比の値 $\dfrac{|AC|}{|CB|}$ を表し，これが負になることはないからです．

式 (4.2) では，分子・分母のいずれも λ の前に「+」の符号が付いていて，この式は線分 AB 内の点の座標を定めます．一方，式 (4.3) の λ には「−」が付いていて，このときには線分の外の点を定めます．

内分または外分を定める 2 つの場合を，1 つの式にまとめることができます．そのためには，線分が点 C で内分されるときには λ は正であり，外分される場合には負であるとみなすことにします．こうして，「線分 AB を比 λ に分割する点 $C(x)$ を求めよ」という問題を次のように解釈することができます．

• $\lambda \geqq 0$ であれば，C は AB を $\lambda : 1$ の比に内分する．すなわち，点 C は線分 AB の内部にあり，$|AC| : |CB| = \lambda : 1$ である．

• $\lambda \leqq 0$ であれば，C は AB を $\lambda : 1$ の比に外分する．すなわち，点 C は線分 AB の外部にあり，$|AC| : |CB| = -\lambda : 1$ である．

こうすると，式 (4.2), (4.3) を 1 つの式

$$x = \frac{a + \lambda b}{1 + \lambda} \tag{4.4}$$

にまとめることができます.

この式の係数 λ は, (-1 以外の) どんな値もとることができます ($\lambda = -1$ のときには分母が 0 になるため不適切). $\lambda > 0$ のとき, 点 C は線分 AB の上にあり, $\lambda < 0$ のとき, 線分 AB の外にあり (図 4.5), $\lambda = 0$ のときは点 A に一致します. 点 B に一致するときの λ の値は求められません.

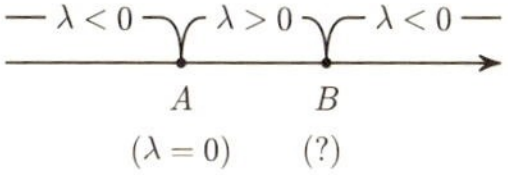

$$-\lambda < 0 \quad \lambda > 0 \quad \lambda < 0-$$
$$\phantom{-\lambda<0\quad} A \quad\quad B$$
$$\phantom{-\lambda<0\quad} (\lambda=0) \quad (?)$$

図 4.5

式 (4.4) によって, 数 λ (ただし $\lambda = -1$ を除く) が与えられれば, 点 $A(a)$ と点 $B(b)$ が端点である線分を含む直線上の点 C の座標を決めることができます. 逆に, 点 $A(a)$ と点 $B(b)$ の座標が与えられれば, ある点 $C(x)$ が線分 AB を分割する比を求めることができます. そのためには, 式 (4.4) から比の値 λ を次のように計算すればよいのです.

$$\lambda = \frac{a-x}{x-b}$$

つまり, 線分 AB が与えられている直線においては, $\lambda = -1$ 以外の λ のどの値にも, 確定した 1 つの点が対応し, さらに, 各点に対して λ のただ 1 つの値が対応します. したがって, 数 λ を独特の座標とすることができます. そのときには, 線分 AB が座標系の役割を

果たします.

線分における点の相対的な位置は λ の値によって完全に決定され，直線 AB 上に導入される普通の座標系には依存しないことに注意しなければなりません（練習問題 4.4 参照）．また，この直線上には座標系をまったく作ることができない場合もあります.

では，練習問題に移りましょう.

練習問題

4-3. 数直線上に点 $A(-2), B(5), C(7), D(25)$ をとります．次の点は各線分をどんな比に分割（内分または外分）しますか.

(a) 線分 AB に対する点 C

(b) 線分 AB に対する点 D

(c) 線分 CD に対する点 A

(d) 線分 CD に対する点 B

(e) 線分 BD に対する点 C

(f) 線分 BC に対する点 D

4-4. 直線上に点 A と点 B をとります．次の問に答えなさい.

(a) 線分 AB を，比の値 $\lambda_K = 0.25, \lambda_L = 2, \lambda_M = -2, \lambda_N = -0.25$ に分割するような点 K, L, M, N をそれぞれ図示しなさい.

(b) 点 A を原点とし，線分 AB の長さを 1 とする座標系を直線 AB 上にとります．このとき点 K, L, M, N の座標を求めなさい.

(c) 点どうしの位置関係はそのままで，座標原点を K とし，線分 KL の長さを 1 とする座標系をとります．このと

き点 A, L, M, N の座標を求めなさい.

(d) 座標系は問 (c) と同じとします. 線分 AB を比の値 $\lambda_{K'}=0.25, \lambda_{L'}=2, \lambda_{M'}=-2, \lambda_{N'}=-0.25$ に分割するような点 K', L', M', N' の座標を, 式 (4.4) を用いて計算しなさい. また, それらの点を直線 AB 上に図示しなさい.

4-5. 直線を描き, その上に点 A と点 B をとりなさい. この直線上に, 線分 AB をそれぞれ次の比の値 λ に分割する点の集合を図示しなさい.

(a) $\lambda < -1$ (b) $-1 < \lambda \leqq 0$
(c) $0 < \lambda < 1$ (d) $\lambda \geqq 1$

4-6. 点 M は線分 AB を比の値 $\lambda=a$ で分割します. それぞれ次の点に関して, 点 M と対称な点 N がこの線分 AB を分割する比を求めなさい.

(a) 点 A
(b) 点 B
(c) 線分 AB の中点 C
(d) 点 A に関して点 C に対称な点 D

第 2 章 平面上の座標

§5 座標平面

平面上の点の位置を定めるには,ふつう,デカルトの**直交座標系**が使われます.この座標系は,原点 O で直交する 2 本の数直線——これを座標軸と呼びます——から作られます.これら 2 本の数直線の長さの単位は,同じになるようにするのが一般的です(図 5.1).

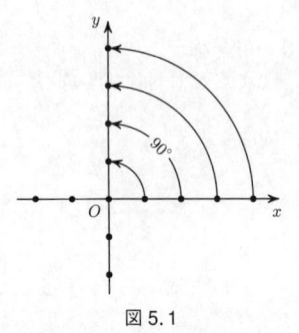

図 5.1

軸の 1 つ(水平な軸)を**横軸**あるいは **x 軸**と言い,もう 1 つの軸を**縦軸**あるいは **y 軸**と言います.軸の方向は,x 軸の正の部分を,原点 O を中心に時計の針と反対方向に 90° 回転させたときに y 軸の正の部分が得

られるように定めるのが習慣です（図 5.1）．2 本の座標軸を含む平面を座標平面と言います．

平面は座標軸によって 4 つの部分——これを**象限**と言います——に分かれます．x 軸の正の部分と y 軸の正の部分に挟まれた象限を第 1 象限とし，そこから時計の針と反対方向の順に番号をふります（図 5.2）．

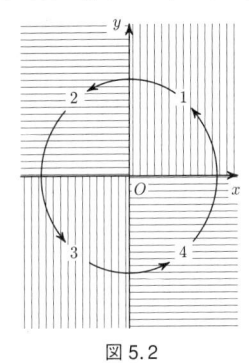

図 5.2

平面上の点 M の座標を決めるには，この点から x 軸と y 軸それぞれに垂線を下ろします．これらの垂線と x 軸，y 軸との交点，すなわち垂線の足 M_1 と M_2 を，各座標軸への点 M の**正射影**と呼びます．

点 M_1 は x 軸上にあり，したがって，この点 M_1 には，x 軸上の座標である確定した数 a が対応します．まったく同様に，点 M_2 には，y 軸上の座標である確定した数 b が対応します（図 5.3）．

これら 2 つの数 a, b によって，各軸上の点 M_1, M_2

図 5.3

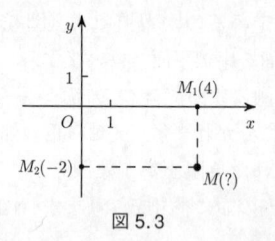

の位置が決まるだけでなく、点 M の平面上での位置も決まります。したがって、これらの数のペア a, b を点 M の（直交デカルト座標系での）**座標**と言い、数 a をこの点の **x 座標**（または**横座標**）、数 b を **y 座標**（または**縦座標**）と言います。

座標が a, b である点 M を $M(a, b)$ と表します。括弧の中では、最初に x 座標を、2 番目に y 座標を書きます。ここでは順序が大切で、(a, b) と (b, a) は異なる点を表します。そのため、平面上の点の位置は「**数の順序対によって決まる**」とも言います。

こうして、平面上の点 M は、デカルト座標系によって、数 a, b の**順序対**[1]と対応づけられることになります。特に、座標軸上の 2 つの点 M_1 と M_2 から、平面

---

1) 数の順序対とは、順序の定まった 2 数のペアのことを言います。例えば、2 つの数を 5 と 2 とすると、$(2, 5)$ と $(5, 2)$ という 2 つの順序対が作られます。この 2 つの順序対は同じものではありません。

図 5.4

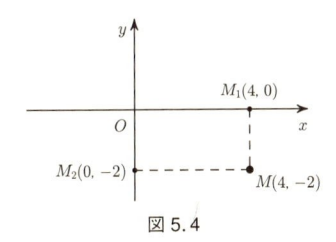

上に 1 つの座標 M が得られます（図 5.4）.

このとき順序対 (a,b) は，x 座標が a で y 座標が b である，ただ 1 つの点 M に対応します.

このことを言い換えると，座標系を与えることによって，平面上のすべての点が，何らかの数のペアと 1 対 1 に対応づけられることになります．この 1 対 1 対応では，前にも述べたように，1 つの点に定まった数の 1 つのペアが対応し，逆に数の 1 つのペアに 1 つの定まった点が対応します.

ここで，いくつかの問題を解くことにしましょう．特別な規則も公式も使わずに解けるような，簡単な問題から始めます.

練習問題

5-1. (1) 座標が -5 である点を x 軸上にとります．この点を平面上の座標（数の順序対）で表しなさい.

(2) 座標が 3 である点を y 軸上にとります．この点を平面上の座標で表しなさい.

5-2. (1) 点 $A(1,-3)$ は第何象限にありますか．図を描

かずに答えなさい．

(2) x 座標が正の数である点は，第何象限にありますか．

(3) 第2象限，第3象限，第4象限にある点の座標の符号を，それぞれ答えなさい．

5-3. (1) 点 $A(3,2)$ と点 $B(a,-1)$ が，y 軸に平行な1本の直線の上にあります．a の値を求めなさい．

(2) 点 $A(x_1,y_1)$ と点 $B(x_2,y_2)$ は，x 軸に平行な1本の直線の上にあります．このとき点 A, B の座標にはどんな関係が成り立ちますか．

5-4. (1) 点 $A(-2,4)$ と点 $B(3,-5)$ では，どちらの点が x 軸から遠く離れていますか．

(2) 点 A, B の座標を上の (1) と同じとして，どちらの点が y 軸から遠く離れていますか．

5-5. 点 C の座標を (a,b) とします．点 C が (a) 第1象限にあるとき，(b) 第2象限にあるとき，(c) どの象限にあるかわからないとき，x 軸までの距離と y 軸までの距離はどんな値になりますか．

(a), (b) には絶対値記号を使わずに答えなさい．

ここから問題は少し難しくなります．それでも，複雑な数式は使わずに解けます．座標平面上に点がある様子をはっきり思い描くことさえできれば解けるでしょう．

練習問題

5-6. 点 $M(a,b)$ が第2象限にあるとします．

(1) 以下の座標をもつ点はそれぞれどの象限にありますか．

$$(-a,-b), \quad (-a,b), \quad (a,-b)$$

(2) 点 M の座標 a, b の符号を答えなさい.

5-7. 4点 $A(4,1), B(3,5), C(-1,4), D(0,0)$ を方眼紙に描きなさい. $ABCD$ が正方形になることを確かめたら，次の問に答えなさい.

(1) この正方形の各辺の中点の座標と，対角線の交点の座標を求めなさい.

(2) 点 A, B, C, D とは別の4点 M, N, P, Q で，正方形の頂点となり得る例を，それらの座標で答えなさい.

(3) 正方形 $ABCD$ の辺の長さと面積を求めなさい. ⊠

5-8. (1) 平面上に3点 $A(0,0), B(5,0), D(1,2)$ が与えられています. 四角形 $ABCD$ が平行四辺形になるように，点 C の座標を決めなさい. また，$ABDC$ が平行四辺形になるように，点 C の座標を決めなさい. さらに，A, B, D を頂点とする平行四辺形をもう1つ求めなさい.

(2) 上の(1)と同じ問に，3点の座標を $A(0,0), B(1,1), D(-3,1)$ に変えて答えなさい.

5-9. 座標平面上に点 $A(a,b)$ と4点 K, L, M, N があります.

- 点 K は x 軸に関して A と対称,
- 点 L は y 軸に関して A と対称,
- 点 M は原点に関して A と対称,
- 点 N は第1象限と第3象限との2等分線 (65ページの図6.3参照) について A と対称です.

このとき，次の問に答えなさい.

(1) 4点 K, L, M, N の座標を求めなさい.

(2) $a<0, b>0$ であるとして，4点 K, L, M, N の位置関係を図で表しなさい.

ここまでくれば，座標平面上の点の位置を数の言葉で

語れるようになりました．たとえば，「y 軸から右に 3，x 軸から下に 5 離れた位置にある点をとりなさい」という言い方をしなくても，「点 $(3, -5)$ をとりなさい」と言えば十分でしょう．

このように言えることには大きな利点があると先に述べました．いくつかの点を結んで描かれる絵をコンピュータで送れるようになります．このような「画像」を送る簡単な例を次の練習問題で行ってみましょう．

練習問題

5-10. 座標平面上に，以下の点をすべてプロットしなさい．

$(-6, 3)$, $(-6, 1)$, $(-6, -1)$, $(-6, -3)$,
$(-6, -5)$, $(-6, -7)$, $(2, 1)$, $(2, -3)$,
$(2, -7)$, $(-4, 3)$, $(-2, 3)$, $(0, 3)$,
$(2, 3)$, $(-4, -1)$, $(-2, -1)$, $(0, -1)$,
$(2, -1)$ $(-4, -5)$, $(-2, -5)$, $(0, -5)$,
$(2, -5)$, $(8, 2.5)$, $(10, 2.5)$, $(13, 2.5)$,
$(16, 2.5)$, $(18, 2.5)$, $(13, 6)$, $(13, 4)$,
$(13, 0)$, $(13, -2)$, $(13, -4)$, $(13, -6)$,
$(13, -8)$, $(10.5, 0)$, $(15.5, 0)$, $(11.5, -2)$,
$(14.5, -2)$, $(7, -6)$, $(19, -6)$, $(8.5, -4)$,
$(17.5, -4)$

注意． 煩雑になりすぎないようにするため，点の個数があまり多くならないようにしてあります．上に記された点をプロットしてみても文字が読み取れなければ，もっと多くの点を「散らばせる」とよいでしょう．

テレビの画面のような機械に描かれる像は点から構成されていますが，その点は必ずしも丸い形をしているとは限らず，むしろ四角であるのが普通です．点の個数が多ければ多いほど画質は良くなります．したがって機械にとってこのような仕事は，第一に，誤りなく行えること（そのかわり，人間のように間違いを「勘」で正すことができない），第二に，単調な仕事に疲れることもないので，機械に大変向いていると言えます．

点で「描く」というのは，人間にとっては不自然なやり方です．人間の場合には点を打つのではなく線を引き，さらには平面を塗りつぶすことによって図を描くのが普通だからです．これから学ぶ座標法を使うことで，このようなより「人間的な」方法で「描く」ことができるようになります．

§6 平面上の点の集合

平面上では，点の x 座標と y 座標の両方がわかれば，その点の位置は完全に決まります．では，座標の一方しかわかっていない場合にはどうでしょうか．たとえば，図 6.1 を見てください．この図には，x 座標が 3 であるいくつかの点と，y 座標が -2 であるいくつかの点が描かれています．

平面（実は曲面でも同じことですが）では，2 つの座標のうちのどちらか 1 つだけを決めると，一般には 1 つの点が決まるのではなく，1 本の線が決まります（図

図 6.1　　　　　　　　　図 6.2

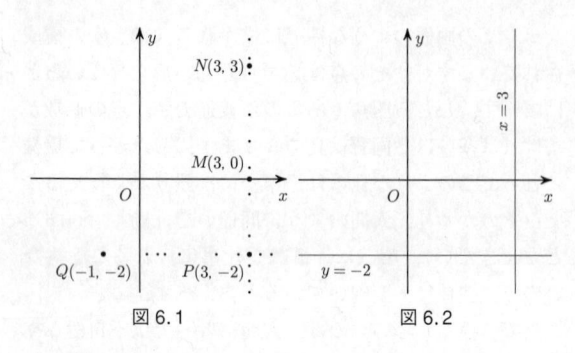

6.2)[2]．

この事実を利用して小説を書いた人がいます．ジュール・ヴェルヌの『グラント船長の子供たち』では，主人公たちは船が難破した場所の座標（緯度と経度）のうち，一方（緯度）しかわかりませんでした．船が難破した位置を突き止めるためには，緯度が 37 度 11 分（地球の表面上の座標の 1 つ）であるすべての地点を結んでできる線，つまり緯度が 37 度 11 分の緯線に沿って，地球を一周しなければならなかったのです．

何らかの方程式や不等式を満たす点の集合を座標平面上に表すと，上のような直線以外にもいろいろな形の図

---

[2] ここで「一般には」と言うのは，例外があり得ること，または，数学で言う「退化」したケースがあり得ることを意味しています．たとえば，地球の表面上では北緯 90° はただの 1 点——つまり北極——であって，線にはなりません．

§6 平面上の点の集合

形が得られます．

たとえば，x 座標と y 座標が等しい点，つまり座標 (x, y) が方程式 $x = y$ を満たすすべての点を考えると，第1象限と第3象限を2等分する1本の直線が得られます（図6.3）．

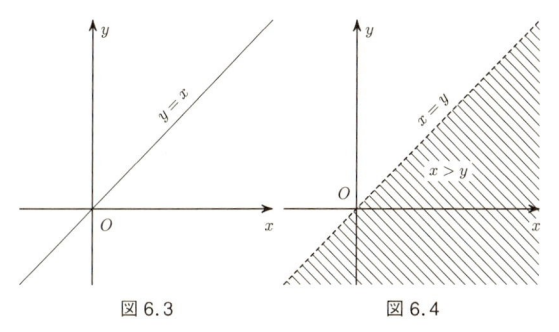

図6.3　　　　　図6.4

また，方程式 $x = y$ を不等式 $x > y$ に変えると，今度は x 座標と y 座標が等しい直線ではなく，それよりも右下にある部分全体（座標平面の半分，すなわち半平面）となります（図6.4，点線は境界を含まないことを示しています）[3]．

x 座標と y 座標が方程式で結ばれる場合の多くは線（直線または曲線）が得られます．不等式で結ばれる場

---

[3] 直線 $x = y$ を下方に移動させると，y は小さくなり，x はそのままです．この直線を右にずらすと x は大きくなり，y はそのままです．いずれの場合も方程式 $x = y$ は不等式 $x > y$ に変わります．

合には，ふつう平面上の一部分が得られます．ただし，いつでもそうだとは限りません．

たとえば，方程式 $x+|x|=0$ は，正でないどんな x についても成り立つので，この方程式は，x 座標が 0 または負であるすべての点の集合，言いかえると，y 軸を左に移動し，軸も含めてできる半平面を与えます（図 6.5）．

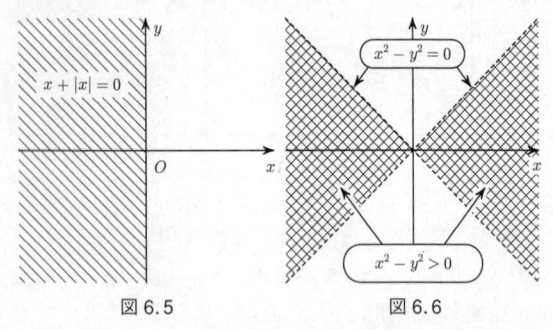

図 6.5

図 6.6

方程式 $x^2-y^2=0$ は平面に，直交する 2 直線からなる図形を与えます（図 6.6）．この等式の等号を不等号 > に変えると，$x^2-y^2>0$ となり，この不等式からは，直交する 2 直線を境界とする 2 つの部分が得られます（図 6.6 参照）．

式 $x^2+y^2=0$ はただ 1 つの点，座標原点を定めます（図 6.7）．

式 $x^2+y^2=-1$ は，平面上のどの点でも成立しません．このような場合には，「この式は**空集合**を定めるか

図 6.7　　　　　　　　図 6.8

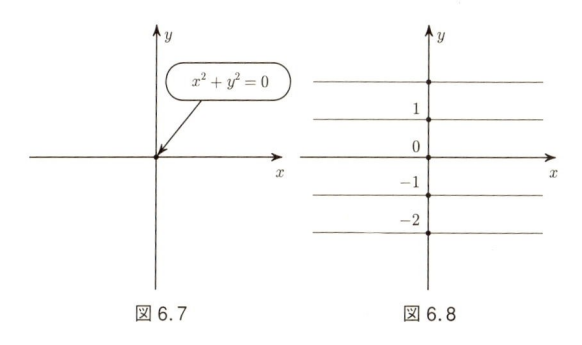

ら，図には描けない」とも言えます．

等式 $y = [y]$ [4)] は y 座標が整数である点で成立します．つまり，この等式は x 軸に平行な無限に多くの直線を与えます（図 6.8）．

こうして，x 座標と y 座標の関係を示す式は，1 個の点や複数個の点を決めることもあれば，1 つの点も決めないこともあり，さらには線や領域を決めることもあります．

さらに続けて，大事な例をいくつか考えることにしましょう．

例題 1. 不等式

$$(x-y)(2x-y-1) > 0$$

[4)] $[x]$ は x の整数部分を意味することを復習しておきましょう．これは，x を超えない最も大きい整数を意味します．たとえば，$[3.2] = 3$, $[5] = 5$, $\left[\dfrac{2}{7}\right] = 0$, $\left[\dfrac{-2}{7}\right] = -1$, $[-2.5] = -3$, $[-7] = -7$ です．

を満たす点の集合を求めなさい．

解． 2つの数の積が正であるのは，それらの数の符号が同じであるときに限ります．つまり，この不等式を解くには2つの連立不等式

(1) $x-y>0$ かつ $2x-y-1>0$

(2) $x-y<0$ かつ $2x-y-1<0$

を解けばよいのです．

求める集合に含まれる座標は，これらの少なくとも1つの連立不等式を満たさなければなりません．そこで最初の連立不等式 (1) に注目し，第一の不等式 $x-y>0$ を $x>y$ の形に書きかえます．

<u>等式</u> $x=y$ （つまり $y=x$）を満たす点の集合は直線になりますから，不等式が意味するのは，この直線を y が小さくなる側，すなわち下側に（同じことですが，x が大きくなる側に）動かさなければならないということです．図 6.9 を見てください．

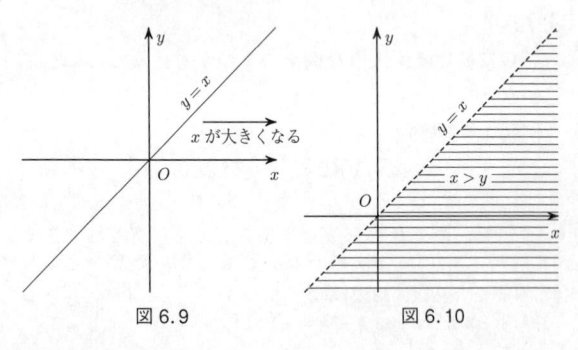

図 6.9

図 6.10

§6 平面上の点の集合　　069

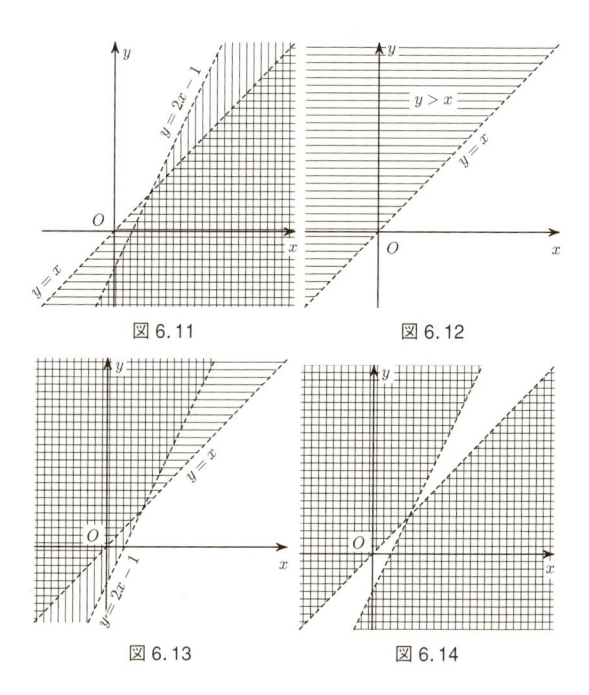

図 6.11

図 6.12

図 6.13

図 6.14

　不等式の解は，図 6.10 に水平な線を引いて描いてある半平面を埋めつくすことになります．半平面の境界を点線で表してあるのは，この直線上の点は不等式 $y < x$ の解の集合には含まれないからです．

　同じように考えて，連立不等式の 2 番目の不等式
$$2x - y - 1 > 0 \text{ すなわち } y < 2x - 1$$
の解で作られる半平面を描きます．こんどの半平面の境

界は直線 $y=2x-1$ で，この半平面には垂直方向に線を引いてあります（図 6.11）．

連立不等式の解とは 1 番目と 2 番目の不等式を同時に満たす点の組であるから，格子領域が連立不等式の解だということになります．

同じやり方で第二の連立不等式 (2) の解の集合も描くと，図 6.12，6.13 のようになります．

(1) を満たす点の集合は図 6.11 の領域，(2) を満たす点の集合は図 6.13 の領域ですから，この 2 つを合併した領域が求める答となります．

答．不等式 $(x-y)(2x-y-1)>0$ は，座標平面の格子模様の領域（図 16.4，境界は含まない）を埋めつくす点の集合を与えます．

練習問題

6-1. 次の等式または不等式で与えられる点の集合を座標平面上に図示しなさい．

(a) $x^2=y^2$ (b) $x^2>y^2$

(c) $x^2 \geqq y^2$ (d) $x+y>0$

(e) $x+y<1$ (f) $x+y \geqq 1$

(g) $x+y \leqq 1$ (h) $(x+y)(x-y) \geqq 0$

(i) $(x+y)^2+(x-y)^2=0$ (j) $x^2-y^2=0$

(k) $(x-y)(x-2y)=0$ (l) $\begin{cases} x-y>0 \\ x-2y>0 \end{cases}$

(m) $1<x<3$ (n) $1<y^2<3$

(o) $\begin{cases} 1 < x < 3 \\ 1 < y < 3 \end{cases}$ (p) $\begin{cases} 1 < x^2 < 3 \\ 1 < y^2 < 3 \end{cases}$

例題 2. 等式
$$x - y = |x| - |y| \tag{6.1}$$
で与えられる点の集合を座標平面上に図示しなさい．

解． 絶対値記号をはずすために，方程式 (6.1) を象限ごとに分けて考えます．

第1象限（座標軸を含む），つまり $x \geqq 0$ かつ $y \geqq 0$ のとき．この場合 $|x| = x$, $|y| = y$ であるので，方程式 (6.1) は $x - y = x - y$ となり，左辺と右辺がまったく同じで，**恒等式**になります．

つまり，x, y がともに負でないときには，x, y がそれぞれどんな値であっても条件 (6.1) が満たされます．したがって，第1象限のすべての点（境界となる座標軸を含めて）が求める集合に含まれます（図 6.15）．

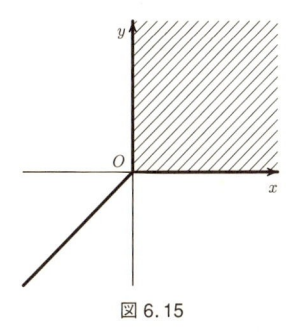

図 6.15

第2象限（座標軸を含まない），つまり $x<0$ かつ $y>0$ のとき．この場合 $|x|=-x$, $|y|=y$ であるので，方程式は $x-y=-x-y$ となり，これを整理すると $2x=0$，つまり $x=0$ となります．

上で x は厳密に負である，つまり 0 になることはないと規定したので，第2象限には求めている集合に含まれる新たな点はまったくありません．

第3象限（座標軸を含む），つまり $x\leqq 0$ かつ $y\leqq 0$ のときと，第4象限（座標軸を含まない），つまり $x>0$ かつ $y<0$ のときについては，各自で考えてください．

答．求める集合は図 6.15 に示してあります．

練習問題

6-2. 次の等式または不等式で与えられる点の集合を座標平面上に図示しなさい．

(a) $y=|x|$ (b) $x=|y|$
(c) $|x|=|y|$ (d) $|x|\cdot|y|\leqq 0$
(e) $|x|=x$ (f) $|x|=-x$
(g) $|x|-|y|\leqq 0$ (h) $|x-y|\leqq 0$
(i) $|x|+|y|\leqq 0$ (j) $|x|-|y|\leqq 1$
(k) $|x-y|\leqq 1$ (l) $|x|+|y|\leqq 1$

例題3． 等式
$$[x+y]=2$$
で与えられる点の集合を座標平面上に図示しなさい．

解. $[a]$ は数 a（または式の値）の整数部分を表す記号でしたから，この例題の場合，$x+y$ は 2 に等しいかそれより大きく，しかも 3 より小さい，つまり $2 \leqq x+y < 3$ となります．求める集合は，$2 \leqq a < 3$ である a を用いて，$x+y = a$ と表されるすべての直線となります．これは，$x+y = 2$ と $x+y = 3$ に挟まれた帯状の領域であって，下側の境界は領域に含まれ，上側は含まれません（図 6.16）．

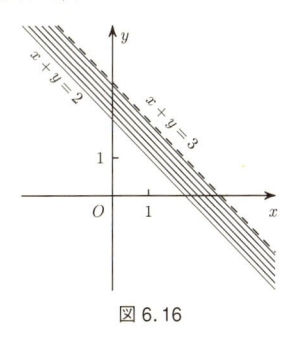

図 6.16

練習問題

6-3. 次の等式または不等式で与えられる点の集合を座標平面上に図示しなさい．

(a) $x = [y]$ (b) $y = [x]$
(c) $y > [x]$ (d) $x < [y]$
(e) $[x] > [y]$ (f) $[x]^2 + [y]^2 = 0$
(g) $[xy] = 1$ (h) $\begin{cases} x > [y] \\ y > [x] \end{cases}$

6-4. 次の等式または不等式で与えられる点の集合を座標平面上に図示しなさい．

(a) $|x| = |y|$
(b) $\dfrac{x}{|x|} = \dfrac{y}{|y|}$
(c) $x + |x| = y + |y|$
(d) $x - [x] = y - [y]$
(e) $x - [x] > y - [y]$
(f) $[x] = [y]$

これからは逆の問題，つまり，座標平面上に何らかの集合が与えられたとき，そこに含まれる点の座標が満たす関係式を求める問題を解くことにしましょう．

練習問題

6-5. 次の図形を与える方程式を求めなさい．

(a) 点 $(1, 0)$ を通り y 軸に平行な直線
(b) 点 $(-3, 7)$ を通り直線 $y = x$ に平行な直線
(c) y 軸からの距離が 2 である点の集合

6-6. 1つの等式または不等式で，それぞれ次のものを表しなさい．

(a) 直線 $y = 3x$ と $y = x - 3$ の組
(b) 直線 $y = x$ と点 $A(-1, 2)$
(c) 直線 $y = x$ の上側の領域（境界を含む）
(d) 直線 $y = 0$ と $y = 1$ とで挟まれた領域（境界を除く）
(e) 頂点が点 $(0, -1), (0, 1), (-1, 0), (1, 0)$ である正方形の内部
(f) 頂点が点 $(0, -1), (0, 1), (-1, 0), (1, 0)$ である正方形の辺全体
(g) 頂点が点 $(1, 1), (1, -1), (-1, -1), (-1, 1)$ である正方形の辺全体

§7 平面上の点の距離

前節では，平面上の点の集合（図形）を，数の間の関係式で表す方法を学びました．ここからは，新たな幾何学の（図形上の）概念や事実を，数の言葉に移すことを学びます．

まず，平面上の2点間の距離を求める問題から始めましょう．平面でなく数直線の場合についてはすでに学んでいますが，点の座標だけが与えられているときに，座標を用いて2点間の距離を計算する規則を，平面の場合についても得ることを目標にします．

最初に考えるのは，2点のうちの1つが原点である場合です．点の座標——つまり，x座標とy座標——がわかっていれば，その点から原点までの距離を求めるのは簡単です．ピタゴラスの定理を使えばよいのです（図7.1）．

一般に，点$M(x,y)$の座標がわかっていれば，その点から原点までの距離$|OM|$は，直角をはさむ辺の長さが$|x|$と$|y|$である直角三角形の斜辺の長さに等しく，式

$$|OM| = \sqrt{x^2+y^2}$$

で計算されます．

明らかに，この公式が示す規則によって，図には頼らずに距離を求めることができます．したがって，足し算とかけ算，それに平方根を計算できる機械を使って済ませられることにもなります．

図 7.1

$$|OM| = \sqrt{x^2 + y^2}$$

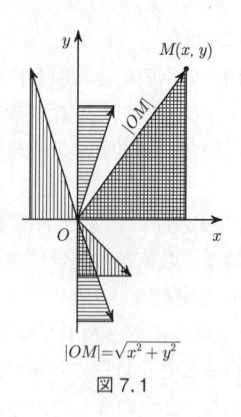

次に,上のことを一般化して考えます.

例題 1. 平面上に点 $A(x_a, y_a)$ と点 $B(x_b, y_b)$ が与えられているとします.点 A と点 B の距離を求めなさい.

解. 点 A から x 軸へ下ろした垂線の足を A_x,点 B から y 軸へ下ろした垂線の足を B_y と表すことにして(図 7.2),直線 AA_x と BB_y との交点を C とします.三角形 ABC は角 C が直角だから,ピタゴラスの定理により

$$|AB|^2 = |AC|^2 + |BC|^2. \tag{7.1}$$

ところで,線分 AC の長さと線分 $A_y B_y$ の長さは同じです(A_y は点 A から y 軸へ下ろした垂線の足).点 A_y と B_y はともに y 軸上にあって,この軸の座標はそれぞれ y_a, y_b ですから,第 1 章で得た距離の式から,

図 7.2

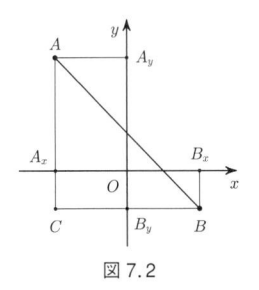

これらの点の間の距離は $|y_a - y_b|$ となります．

同様に考えて，線分 BC の長さは $|x_a - x_b|$ であることになります．$|AC|, |BC|$ の値を式 (7.1) に代入すると

$$|AB|^2 = (x_a - x_b)^2 + (y_a - y_b)^2$$

となるから，結局

$$|AB| = \sqrt{(x_a - x_b)^2 + (y_a - y_b)^2} \tag{7.2}$$

を得ます．

2 点の位置が図 7.2 とは違う場合でも，これまでの考えを（点を表す記号もそのままで）一字一句も変えずに成り立つことを確認してください．

これまでの議論は，直線 AB が x 軸か y 軸のどちらかに平行な場合——いわゆる「退化」の場合——を除けば，点が平面のどの位置にあっても成り立ちます．しかし実際には，退化の場合であっても距離 $|AB|$ の式は成り立ち，むしろこの場合のほうが式は簡単になります．

こうして，点 $A(x_a, y_a)$ と点 $B(x_b, y_b)$ との距離は，

すべての場合に式 (7.2) で計算できます.

なお, 第1章で学んだ直線上の2点間の距離の式も, 類似の形式に書きかえることができます. つまり,
$$|AB| = |x_a - x_b|$$
と書くかわりに,
$$|AB| = \sqrt{(x_a - x_b)^2}$$
と書いても同じことです.

注意. 上記の式の変形を行うためには公式 $\sqrt{a^2} = |a|$ を使うことになりますが, これには注意が必要です. 間違って $\sqrt{a^2} = a$ と覚えてしまうと, 計算結果も自ずと正しくないものになるからです. 以下の計算はこの間違いを犯している例ですが, どこに誤りがあるか確認してください.

$$-2 = -2 \Longrightarrow 1 - 3 = 4 - 6$$
$$\Longrightarrow 1 - 3 + \frac{9}{4} = 4 - 6 + \frac{9}{4}$$
$$\Longrightarrow \left(1 - \frac{3}{2}\right)^2 = \left(2 - \frac{3}{2}\right)^2$$
$$\Longrightarrow \sqrt{\left(1 - \frac{3}{2}\right)^2} = \sqrt{\left(2 - \frac{3}{2}\right)^2}$$
$$\Longrightarrow 1 - \frac{3}{2} = 2 - \frac{3}{2}$$
$$\Longrightarrow \underline{1 = 2} \, (!)$$

直線の場合に導かれた式を一般化して得られる, 平面について成り立つ式はこれ以外にもあります.

たとえば, 点 $A(x_a, y_a)$ と $B(x_b, y_b)$ を両端とする線

分の中点の座標 x_c, y_c を表す式は，x_c と y_c のそれぞれに対して，直線上の点の場合とまったく同じ式を使って導かれます（図 7.3）.

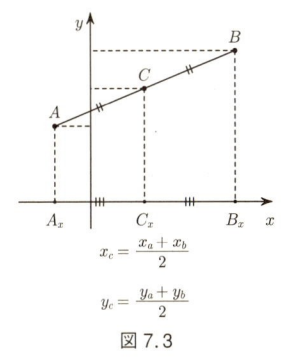

$$x_c = \frac{x_a + x_b}{2}$$

$$y_c = \frac{y_a + y_b}{2}$$

図 7.3

この導き方は（線分を $\lambda : 1$ の比に分割する式も同様），直線上の線分については，分割する比に対応する分割点の座標の式がわかっているので，点 M の各座標軸への正射影が分割する比は，線分 AB そのものを分割する比と同じであることに基づきます.

これで，もっと複雑な問題も解けるようになります．肝心なのは，図の助けなしで解けるというところにあります——もっとも，解くための道筋を探すのに図が有効である場合もありますが．

練習問題

7-1. 3 点 $A(-5, 101), B(4, 99), C(-12, 107)$ を頂点とする二等辺三角形の高さ，すなわち長さの同じ 2 つの辺に挟ま

れた頂点から対辺に下ろした垂線の長さを求めなさい．

注意．練習問題において，きりがあまりよくない端数を故意に用いているのは，座標法で問題を解くには，目盛りを厳密に守って作図する必要のないことを強調したいためです．問題に問われている状況を大まかに描きさえすればよいのです（たとえば，「補充問題」の問題 II-9（229 ページ）ではこのことを行います）．

7-2. 座標平面上に 3 点 $A(3, -6), B(-2, 4), C(1, -2)$ が与えられています．これらの点が一直線上にあることを証明しなさい．☒

7-3. 点 $(-2007, 2007)$ は，端点の 1 つが点 $(-2, 1)$ である線分の中点です．もう一方の端点の座標を求めなさい．

7-4. 座標平面上に 4 点 A, B, C, D があり，点 K, L, M, N はそれぞれ線分 AB, BC, CD, DA の中点です．線分 KM の中点と線分 LN の中点はぴったり重なる（一致する）ことを証明しなさい．

注意．問題 7-4 は，座標法によらなくてももちろん解けます．しかし，座標法でなければ，平面上での点 A, B, C, D の可能な位置関係をすべて数え上げなければなりません（4 点が一直線上にあることもあり得ます）．座標法ならどんな位置関係であっても使えるのです．

7-5. 座標平面上に 4 点 $A(-1, 2), B(4, 4), C(2, -1), D(-3, -3)$ が与えられています．四角形 $ABCD$ が平行四辺形であることを，図は描かないで証明しなさい．☒

7-6. 座標平面上に点 $A(0, 0), B(x_b, y_b), D(x_d, y_d)$ が与えられています．次の問に答えなさい．

(1) 四角形 $ABCD, ABDC$ が平行四辺形になるように点 C の座標を求めなさい．

(2) この 3 点 A, B, D を頂点とする平行四辺形をもう 1

つ求めなさい．

§8　図形と方程式

§6 で，平面上で図形を決めるための，点の座標に関する関係式の例をいくつか見ました．さらに，関係式を用いて幾何学的図形を表すことについてもう少し学びましょう．

この本では，図形はいずれも点の集合であるとみなします[5]．図形を定めるということは，任意の点がこの図形を形作る点として含まれるかどうかを明らかにするための方法を見つけることになります．

このような方法を，たとえば円周について見つけるために，円周の定義を考えます．「円周」とは「ある点 C（円の中心）からの距離が数 R（半径）に等しい点の集合である」と定義します．つまり，点 $M(x,y)$ が中心 $C(a,b)$ の円周上にあるのは，$|MC|$ が R に等しいときであり，しかもそのときに限られます．

点 $A(x_a, y_b)$ と点 $B(x_b, y_b)$ の距離は次の式で決まることを思い出してください．
$$|AB| = \sqrt{(x_a - x_b)^2 + (y_a - y_b)^2}$$
このことから，点 $M(x,y)$ が中心 $C(a,b)$，半径 R の

---

[5]　「点の集合」の代わりに，「点の軌跡」［訳注：「点が運動した跡」の意味．原書では「点の幾何学的場所」］とも言います．たとえば，座標が関係式 $x = y$ を満たす点の軌跡は，第 1 象限と第 3 象限を 2 等分する直線です．

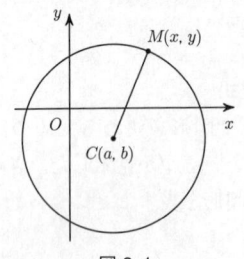

図 8.1

円周上にあるのは,関係式
$$\sqrt{(x-a)^2+(y-b)^2} = R$$
すなわち
$$(x-a)^2+(y-b)^2 = R^2$$
が成り立つときであり,しかもそのときに限られます.

こうして,ある点が円周上にあることを確かめるには,その点の座標が方程式
$$(x-a)^2+(y-b)^2 = R^2 \tag{8.1}$$
を満たすかどうかを確かめなければなりません.つまり,式の x と y に,考えている点の座標を代入すればよいのです.代入した結果,等式が成り立てばこの点は円周上の点であり,等式が成り立たなければ円周上の点ではないことになります.

つまり,方程式 (8.1) を知っていれば,平面のどの点についても,ある定まった円周上にその点があるかどうかがわかります.方程式 (8.1) を中心が $C(a,b)$,半径が R である円の**方程式**と言います.

練習問題

8-1. 次に示す点が円周上にあるかどうかを調べなさい．

(a) 点 $N(4,2)$ は中心が $C(1,2)$, 半径が 5 の円周上の点ですか．

(b) 点 $A(160,1)$ は中心が $C(148,-6)$, 半径が 13 の円周上の点ですか．

8-2. 次のそれぞれの点が，中心が $C(1,-2)$, 半径が 13 の円周上の点であるかどうかを調べなさい．

$A(13,3), \ B(-4,10), \ D(13,-7), \ M(1,-11),$
$N(-11,-7), \ P(-12,1), \ Q(-13,0)$

8-3. 中心が $C(-2,3)$, 半径が 5 の円の方程式を書きなさい．点 $A(a,-1)$ がこの円周上にあるとき，a の値を求めなさい．

円の方程式は (8.1) 式の形に表されるとは限りません．たとえば，方程式 $(x-a)^2 - R^2 + (y-b)^2 = 0$ が方程式 (8.1) と同値であること[6]，つまり，これも円の方程式であることは明らかです．

問題を解くときには，まず円の方程式を「**標準形**」，すなわち $(x-a)^2 + (y-b)^2 = R^2$ の形にしておかなければなりません．

---

[6] すべての解の集まり，すなわち「解の集合」が同じである方程式を「同値な方程式」と言います．このことは，ある方程式を満たすすべての点の座標が，もう 1 つの方程式を満たすこと，つまり，2 つの方程式が同じ点の集合を与えることを意味します．

練習問題

8-4. (1) 方程式 $x^2+2x+y^2=0$ が平面上の円周を表すことを証明しなさい．そして，この円の中心と半径を求めなさい．

ヒント．与えられた方程式を次のように書き直します．
$(x^2+2x+1)+y^2=1$ だから $(x+1)^2+\cdots$．

(2) 方程式 $2x-x^2-y^2=0$ が表すのはどんな曲線ですか．

例題 1．不等式
$$(x+1)^2+y^2 \leqq 3$$
で与えられる点の集合を求めなさい．

解． この不等式の左辺は，求める集合の点から点 $(-1,0)$ までの距離の平方です．つまり，この距離は $\sqrt{3}$ 以下でなくてはなりません．距離が $\sqrt{3}$ よりも小さい点は中心 $(-1,0)$，半径 $\sqrt{3}$ の円の内部を埋めつくし，距離が $\sqrt{3}$ である点は円周上にあります．

答． 不等式
$$(x+1)^2+y^2 \leqq 3$$
は，中心 $(-1,0)$，半径 $\sqrt{3}$ の円（円周を含む）を表します．

練習問題

8-5. 次の関係式で表される図形はどんな図形ですか．
(a) $x^2+y^2 \leqq 4x+4y$
(b) $x^2+y^2 > 6x+8y$
(c) $2x-x^2=6y+y^2+4$

(d) $x^2+y^2-2x+4y+3=0$
(e) $x^2+y^2+6x-2y+14=0$
(f) $x^2+y^2+6x-2y+14\geqq 0$

8-6. 点 $A(2,2), B(1,1), C(-1,1), D(1,-1)$ を，円 $2x-4y-x^2-4y^2+4=0$ の内部にあるもの，外部にあるもの，円周上にあるもの，の3つに分類しなさい．☒

これで，方程式を使えば平面上の円を表すことができるということが理解できたと思います．もちろん，円以外の曲線も方程式を用いて表すことができます．

たとえば，方程式 $y=x^2$ が表す曲線を**放物線**といい，方程式 $y=x^2$ のことをこの**放物線の方程式**と言います（図 8.2）．

$Ax+By=C$ の形に表される方程式はどれも直線の方程式です．ある直線のすべての点が，そしてそのよ

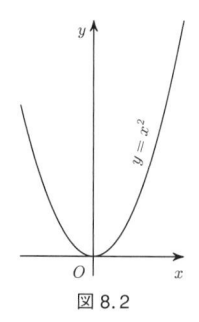

図 8.2

うな点だけがこの方程式を満たします[7]. パラメータ A, B, C の数値を変えると,それに応じて異なる直線が得られます.

一般に,曲線あるいは図形の方程式というのは,その方程式の x, y に,この曲線あるいは図形上の任意の点の座標を代入したときにいつでも成立し,この曲線あるいは図形上にない点では成立しない方程式のことを言います.

曲線の方程式がわかれば,その幾何学的性質を調べることや,ほかの曲線との位置関係を調べることが図に頼らなくても可能になります.このことは円に関する例題で経験ずみです.

たとえば,方程式
$$(x^2+y^2+y)^2 = x^2+y^2 \qquad (8.2)$$
が表す曲線の形を知らなくても,この曲線が原点は通るが(数のペア $(0,0)$ がこの方程式を満たすから),点 $(1,1)$ は $((1^2+1^2+1)^2 \neq 1^2+1^2$ であるから)通らないことがわかります.

練習問題

8-7. (1) 方程式 (8.2) の表す曲線が y 軸に関して対称であることを証明しなさい. ☒

(2) x 軸はこの図形の対称軸ではないことを証明しなさい. ☒

---

[7] もちろん,$A = B = 0$ の場合は除外されます.

図 8.3

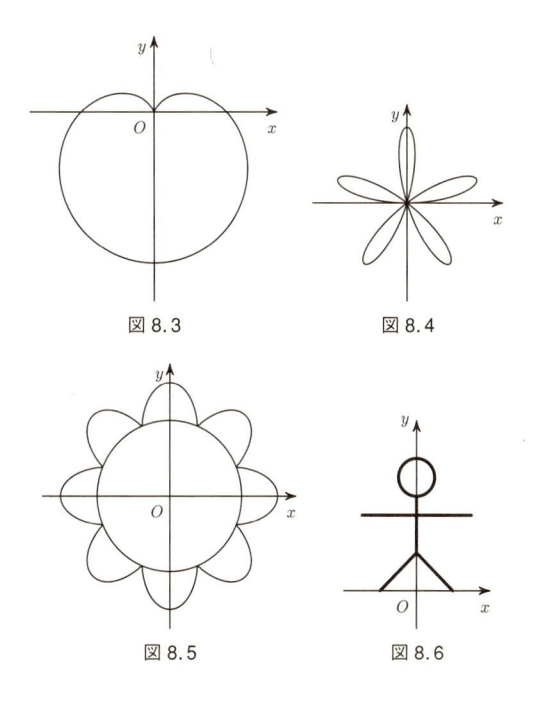

図 8.4

図 8.5

図 8.6

　方程式 (8.2) で表される曲線の形に関心があれば，図 8.3 を見てください．この曲線は心臓の形をしていることから「カーディオイド」[8]と言います．

[8) [訳注] カーディオイドは「心臓形」とも呼ばれます（ギリシャ語の「kardia（心臓）」+「eidos（形）」に由来する．英語では cardioid）．

図 8.4 と 8.5 の花に似た図形は，直交座標系の方程式で与えることもできますが，これとは別の座標系を使うのが便利です．それについては，この章の最後の節でお話しします．

練習問題

8-8. おしまいに，お遊びを，
　　　ノートに，書いてみよう
　　　思いのままに，ひとつずつ
　　　できるだけ，たくさん
　　　「点，点，コンマ，マイナス，そして，顔を」．
ここで，次の 1 つの等式を図形に描いてみよう．
$$([|x|]+|y|)([|y-2|]+|x|)(|x^2-4|+|y-3|)$$
$$\times (x^2+(y-1)^2-16)=0$$

8-9. 図 8.6 に描かれている図形を，1 つの式で表しなさい．

8-10. 図形をなにか 1 つ考えて，それを表す 1 つの等式か不等式を書きなさい．

§9　平面上の直線

座標平面上でも直線を方程式で表せることを学びました．円の方程式の場合には座標の 2 乗の項がありますが，直線の方程式は座標の 1 次の項だけで積の項はないこと，つまり，その方程式は x と y の **1 次方程式**であることも知っています．

直線の方程式の例をこれまでにいくつか見てきました．それらの例は，x 軸に平行な直線の方程式 $y=a$,

y軸に平行な直線の方程式$x=b$（図9.1），それに，第1象限と第3象限を2等分する直線の方程式$x=y$（あるいは$x-y=0$，図9.2）でした．

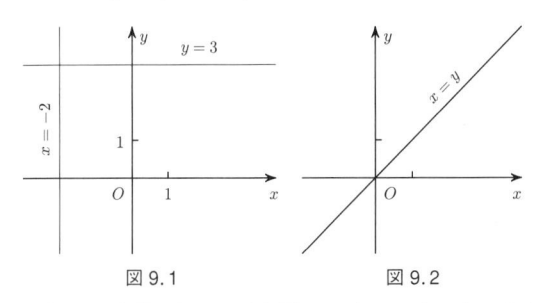

図9.1

図9.2

こうした直線の例は，座標軸そのものであるか，どちらかの座標軸に平行なものか，あるいは，原点を通るものだけでした．

これからは，両方の座標軸と交わり，しかも原点を通らない直線を考えることにします．まずは特殊な例から始めます．

例題1．図9.3に描かれているように，直線が座標軸を長さ1ずつ切り取るとき，この直線の方程式を求めなさい．

解．この直線上の点を$M(x,y)$とします（はじめに点Mは第1象限にあるとします）．このとき$|OM_1|=x$, $|MM_1|=y$で（図9.4），$\angle AMM_1=45°$ですから，$|M_1A|=|M_1M|=y$です．ところでx軸に着目すると$|OM_1|+|M_1A|=|OA|=1$, これは要するに$x+$

図 9.3

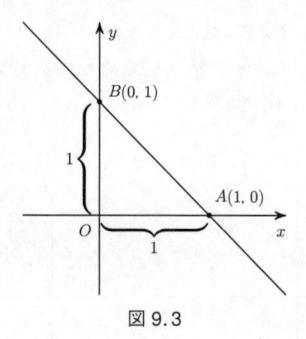

$y=1$ ですから, このことから点 $M(x,y)$ の座標は関係式 $x+y=1$ を満たします.

次に, 点が第 1 象限にない場合, たとえば第 4 象限にある場合にもこの関係式が成り立つことを示しましょう (図 9.5 参照).

先ほどと同様 $\angle ANN_1 = 45°$ であり, したがって, $|N_1A|=|N_1N|=-y$. ところが $|ON_1|-|N_1A|=1$ だから, 点 $N(x,y)$ の座標は前と同じ関係 $x+y=1$ を満たします. つまり, 正の横座標 x と負の縦座標 y との和はやはり 1 に等しいことになります.

直線上の点が第 2 象限にある場合でも等式 $x+y=1$ が成立することは, 各自で確かめてください.

この直線上にはない点については, その座標の和が絶対に 1 にならないことも明らかでしょう.

答. x 軸, y 軸を長さ 1 ずつ切り取る直線の方程式は

図 9.4   図 9.5

$x+y=1$ です[9]．

さらに一般的な問題を解くことにします．

例題 2. x 軸，y 軸を，それぞれ長さ a, b だけ切り取る直線の方程式を書きなさい[10]．

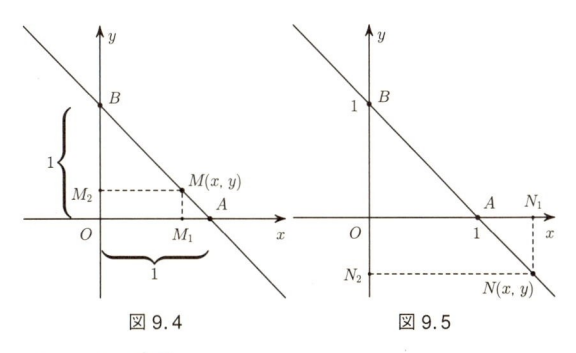

解． この直線上の点で，第 1 象限にある点 $M(x,y)$ をとります（図 9.6）．

三角形 MM_2B と三角形 AOB は相似だから

$$\frac{x}{a} = \frac{b-y}{b}, \quad \text{したがって} \quad \frac{x}{a} + \frac{y}{b} = 1.$$

この関係式が，直線上の第 1 象限以外の点について

---

9) この直線の方程式は，たとえば $y = -x + 1$ のような別の書き方もできることはすぐにわかるでしょう．

10) ［訳注］1 つの直線が x 軸，y 軸とそれぞれ点 A, B で交わるとき，2 点 A, B の座標を $(a, 0), (0, b)$ として，a と b を x 軸および y 軸から切り取る**切片**と言います．ふつう x 軸から切り取る切片とは，A の x 座標で表し，簡単に **x 切片**と呼びます．**y 切片**も同様です．

図 9.6

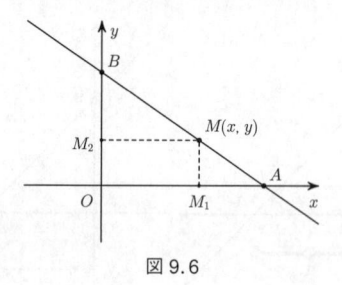

も満たされることは簡単に確かめられます.

直線が x 軸の正の部分と y 軸の正の部分とで交わる場合を考えましたが, そこで得られた方程式は, ほかの場合にも正しいことがわかります. 直線がどちらかの軸の負の部分で交わるのであれば, 2つのパラメータ a, b のうち, 対応するパラメータが負となります[11].

答. x 軸と y 軸を, それぞれ線分 a と b で切る直線の方程式は

$$\frac{x}{a} + \frac{y}{b} = 1$$

です.

この形式の方程式を, 直線の**切片形の方程式**と言います.

---

[11] 厳密には, パラメータ a, b が表すのは線分の長さではなく, a は直線と x 軸との交点, b は直線と y 軸との交点の座標を表します. x 軸, y 軸の切り取る線分の長さがそれぞれ $|a|, |b|$ になるということです.

直線の方程式を切片形の方程式に簡単に移せる方法を，後で学びます．その方法はどんな場合にも使うことができます（問題 9-12 参照）．

練習問題

9-1. (1) 図 9.7 の (a) と (b) で，直線 AB と直線 MN の方程式が

$$\frac{x}{a} + \frac{y}{b} = 1$$

の形で表されることを確かめなさい．

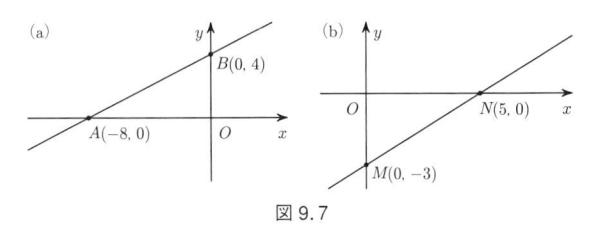

図 9.7

(2) x 軸の切片，y 軸の切片がそれぞれ次である直線の方程式を求めなさい．

(a) $\frac{1}{5}$ と 3 (b) 2 と -3 (c) -1 と $-\frac{3}{4}$

直線の方程式にはいろいろな形式があること，同じ直線が違った形式の方程式で表せることもわかりました．しかし，ある特定の形式では表せないものもあります．たとえば，y 軸に平行な直線は x に係数のある方程式では表せないし，原点を通る直線は切片形の方程式では表

せません．

ところが，どんな直線でも表すことのできる形式があります．それは次の形の方程式です．

$$Ax + By = C$$

「座標平面上のどんな直線も $Ax+By=C$ の形に表すことができ，逆に，$Ax+By=C$ の形のどんな方程式も（$A=B=0$ の場合を除き）座標平面上の直線を表す」．このことが証明されます．

$Ax+By=C$ の形の方程式を，直線の**一般形の方程式**と言います．

一般形の方程式を切片形の方程式へ書き換える方法は，下の例を見れば明らかでしょう．両辺を定数項（右辺の数）で割り，x, y の係数を分母に「移す」だけでいいのです．

$3x - 5y = 7$ から $\dfrac{3x}{7} + \dfrac{-5y}{7} = 1$ となり，

さらに $\dfrac{x}{7/3} + \dfrac{y}{-7/5} = 1$．

こうして得られた方程式から，この直線は2点 $\left(\dfrac{7}{3}, 0\right), \left(0, -\dfrac{7}{5}\right)$ で軸と交わることがわかります．

一般形の方程式を，傾きを用いた形式の方程式に書き換えることも簡単です．次のように，一般形の方程式を y について解けばよいのです．

$$Ax + By = C \text{ から } y = -\frac{A}{B}x + \frac{C}{B}.$$

したがって，直線 $Ax+By=C$ の傾き k は等式

$$k = -\frac{A}{B}$$

で決まります[12]．

練習問題

9-2. (1) 次の直線を一般形の方程式で書きなさい．
(a) x 軸　　(b) y 軸
(c) 座標原点を通る任意の直線
(d) y 軸に平行で 1 だけ右に離れた直線
(2) (1) のそれぞれについて，一般形の方程式での A, B, C の値を求めなさい．

9-3. (1) 次の直線 (a), (b), (c), (d) を描き，別の図に直線 (e), (f), (g), (h) を描きなさい．
(a) $y=x+1$　　(b) $y=x-1$
(c) $y=-x+1$　　(d) $y=-x-1$
(e) $x+y=1$　　(f) $x-y=1$
(g) $-x+y=1$　　(h) $-x-y=1$
(2) 上の 8 個の方程式は異なる何個の直線を表しますか．
(3) 同じ直線を表す方程式を番号で答え，その方程式を切片形に直しなさい．

9-4. (1) 次の各直線の方程式を切片形の方程式で書きなさい．
(a) $2x+y=6$　　(b) $2x-y=6$
(c) $2x+5y=-6$　　(d) $2x+y=0$
(e) $2x+y=0$　　(f) $2x=-3$

[12) ［訳注］B が 0 になるとき，すなわち y 軸と平行になるような直線は，この形式で表すことができません．

(2) それぞれの直線の x 軸, y 軸と交わる交点の座標を, 計算せずに方程式を見ただけで求めなさい.

9-5. 平面に次の4本の直線が与えられています. (1), (2) の問に答えなさい.

(a) $2x - y = -4$ (b) $\dfrac{x}{2} + \dfrac{y}{4} = 1$

(c) $2x + y = 8$ (d) $2x - 3y = -12$

(1) これらの直線のうち3本の直線は1点 M で交わり, 2本は平行であることを証明しなさい.

(2) 交点 M の座標を求めなさい.

例題3. 点 $M(4,2)$ と点 $N(2,0)$ を通る直線の方程式を一般形で書きなさい.

解. 求める方程式を $Ax + By = C$ と書き, ここに点 M の座標と点 N の座標を代入すると次のようになります.

$$A \cdot 4 + B \cdot 2 = C, \quad A \cdot 2 + B \cdot 0 = C$$

点 M, N は一直線上にあるので, 数 A, B, C はこの等式を満たすものでなければなりません. したがって A, B, C を求めるには, 連立方程式

$$A \cdot 2 + B \cdot 0 = C, \quad A \cdot 4 + B \cdot 2 = C$$

つまり

$$2A = C, \quad 4A + 2B = C$$

を解けばよい.

この連立方程式には3つの未知数 A, B, C があるのに, 方程式は2つしかありません. そのため係数

A, B, C を一組の確定した値に決めることはできません. 当然, 連立方程式は限りなく多くの解をもちますから, どれか1つの解を求めるために, たとえば $A=1$ とおきます. そうすると

$$\begin{cases} 2 = C \\ 4+2B = C \end{cases}$$

となり, これから $A=1$, $B=-1$, $C=2$ を得ます.

答. 求める方程式は $x-y=2$.

注意. A に別の値, たとえば $A=3$ を代入すれば, 連立方程式の解は当然変わり, $A=3, B=-3, C=6$ となり, その結果別の方程式 $3x-3y=6$ が得られます. ところが, この方程式は前と同じ直線を表します. 実際, この方程式の両辺を3で割ると前の方程式が得られます. つまり, これらの方程式は同値であって, 同じ1つの直線が得られるのです.

A 以外の係数に任意の数を代入することもできます. たとえば $C=1$ とすると, つぎのようになります.

$$\frac{1}{2}x - \frac{1}{2}y = 1 \text{ つまり } \frac{x}{2} - \frac{y}{2} = 1.$$

この方程式が, これまでの2つの方程式と同値であることは簡単に示せます.

これで例題3の解法で, 間違いなく直線の方程式を切片形で表せるようになりました.

練習問題

9-6. x 軸，y 軸の切片がそれぞれ a, b $(a, b \neq 0)$ である直線の方程式は

$$\frac{x}{a} + \frac{y}{b} = 1$$

であることを証明しなさい． ◻

つぎの例題は，傾きを用いた形式の方程式を使って解きます．

例題 4. 直線 $y = 3x$ に平行で，点 $M(2, 5)$ を通る直線の方程式を求めなさい．

解． 直線 $y = k_1 x + b_1$ と直線 $y = k_2 x + b_2$ とが平行であれば，それらの傾きは等しく，

$$k_1 = k_2$$

です．つまり求める方程式は

$$y = 3x + b \tag{9.1}$$

でなければなりません．

定数項 b を求めるには，この方程式に点 M の座標を代入して

$$5 = 3 \cdot 2 + b \tag{9.2}$$

これから $b = -1$ となります．

答． 求める方程式は $y = 3x - 1$．

注意． この問題は定数項 b を求めなくても解くことができて，むしろその方がすっきりします．方程式 (9.1) から方程式 (9.2) を引くと

$$y - 5 = 3 \cdot (x - 2) \tag{9.3}$$

となり，この等式 (9.3) が求める方程式となります．この方程式は別の形で $3x - y = 1$ （一般形）とも，あるいは $\dfrac{x}{1/3} + \dfrac{y}{-1} = 1$ （切片形）とも，さらに別の形式でも書けます．

練習問題

9-7. (1) 点 $M(x_0, y_0)$ を通り，直線 $y = kx + b$ に平行な直線の方程式を求めなさい．

(2) 方程式 $A(x - x_0) + B(y - y_0) = 0$ は点 $M(x_0, y_0)$ を通り，直線 $Ax + By = C$ に平行な直線の方程式であることを証明しなさい．

9-8. 点 $A(-1, 2)$ を通り，次の直線に平行な直線の方程式をそれぞれ求めなさい．

(a) $y = 2x + 5$ (b) $3x + 7y = 10$ (c) $\dfrac{x}{2} + \dfrac{y}{2} = 1$

(d) $y = 3x + 5$ (e) $x = 3$ (f) $2y + 3 = 9$

直線 $y = k_1 x + b_1$ と直線 $y = k_2 x + b_2$ が互いに直角に交わるのであれば，傾きの大きさは互いに逆数になり，符号は互いに逆になります．これを等式で表すとつぎのようになります．

$$k_1 = -\dfrac{1}{k_2} \quad \text{すなわち} \quad k_1 \cdot k_2 = -1. \tag{9.4}$$

練習問題

9-9. 図 9.8〜9.10 のどれかを選んで，等式 (9.4) が成り立つことを確かめなさい．

図 9.8

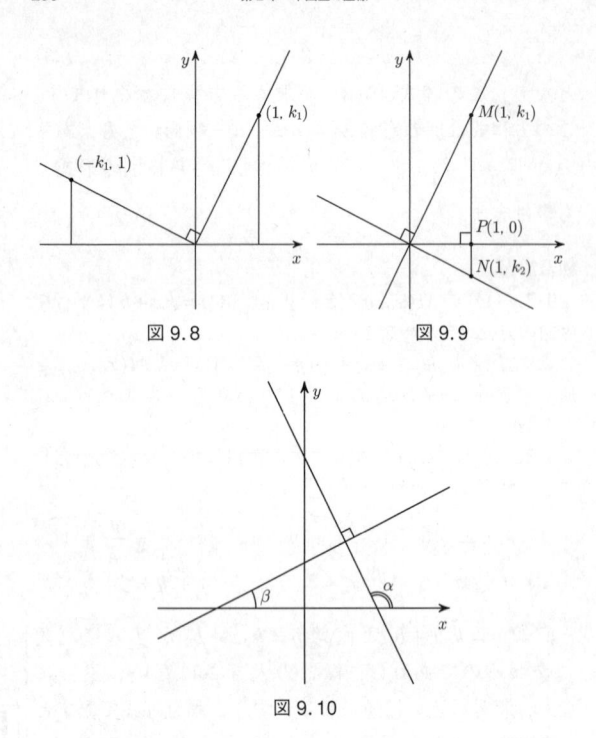

図 9.9

図 9.10

9-10. 直線 $Ax+By=C$ と直線 $Bx-Ay=D$ は直角に交わることを証明しなさい（巻末注 4）．☒

9-11. 点 $A(-1,2)$ を通り，問題 **9-8** の直線 (a)〜(f) のそれぞれと直角に交わる直線の方程式を求めなさい．

例題 5. 点 $(2,5)$ を通る直線の方程式を求めなさい．

解． y 軸に平行でないどの直線も，傾きを k としてつ

ぎの形の方程式で表されます.
$$y = kx + b$$
直線が点 $(2,5)$ を通るためには, 方程式
$$5 = k \cdot 2 + b$$
が成り立たなければなりません.

この等式を方程式 $y = kx + b$ から引いて
$$y - 5 = k(x - 2) \qquad (9.5)$$
となります.

点 $(2,5)$ を通る直線の方程式は $y - 5 = k(x - 2)$ です (k は任意)[13].

実際, x に 2, y に 5 を代入すると, k の値がなんであっても左辺, 右辺がともにゼロになります. この例題では係数 k の値については何も述べられておらず, 直線がどの方向に伸びるかは確定しません.

式 (9.5) において, 係数 k の値を正・負問わずいろいろ変えてみると, 対応する直線は図 9.11 に見られるように点 $(2,5)$ の周りを回ります. この直線が通れないのは垂直な (y 軸に平行な) 位置だけです.

面白いことに, 直線が時計の針と反対周りに回転しているとして, この垂直な位置を通過するときには, 傾き k は非常に大きい正の値から, 絶対値はやはり非常に大きいが負である値に, 言わば「飛び越える」ことになり

---

13) 同じ点 M を通るすべての直線の集まりを<u>中心 M の</u>**直線束**と言います.

図 9.11

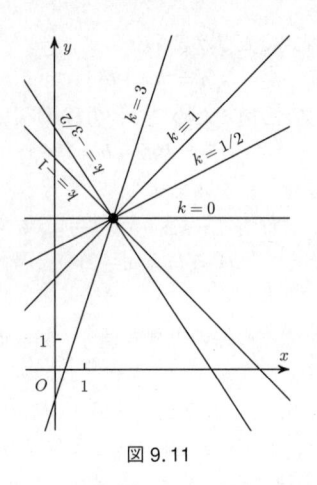

ます．

こうして，方程式 (9.5) は点 (2,5) を通る直線を，1つの例外を除いてすべて表します．例外が生じるのは，k がどんな値をとったとしても垂直線を (9.5) 式の形で表すことができないためです．しかし，この垂直線を式で表すこと自体は簡単で，$x=2$ とすればよいのです．

答． 点 (2,5) を通るどの直線も式 $y-5=k(x-2)$ または $x=2$ のいずれかで書けます．

例題 6. 点 (2,5) と点 (−1,3) を通る直線の方程式を求めなさい．

解． 点 (2,5) を通る直線は（垂直になる場合を除い

て）次の式で表されます．
$$y - 5 = k(x - 2)$$
　求める直線は点 $(-1, 3)$ も通るので，等式
$$3 - 5 = k(-1 - 2)$$
が成り立たなければなりません．値がわかっていない係数 k を消去するために，上の最初の等式を後の等式で割って
$$\frac{y-5}{-2} = \frac{x-2}{-3}$$
として，ここから
$$-3(y - 5) = -2(x - 2)$$
を計算して
$$2x - 3y + 11 = 0$$
を得ます．

答．点 $(2, 5)$ と点 $(-1, 3)$ を通る直線の方程式は，$2x - 3y + 11 = 0$ です．

練習問題

9-12. 点 $M(x_1, y_1)$ と点 $M(x_2, y_2)$ を通る直線の方程式は次のように書けることを証明しなさい．☒
$$\frac{x - x_1}{x_2 - x_1} = \frac{y - y_1}{y_2 - y_1}$$

9-13. 頂点が $A(-1, -2), B(2, -1), C(1, 3), D(-2, 2)$ である四角形 $ABCD$ の 4 つの辺と対角線の方程式を求めなさい．

9-14. 平面上に 3 点 $A(3, -6), B(-2, 4), C(1, -2)$ があ

ります．これらの点は1つの直線上にあることを証明しなさい．

注意．この問題は2点間の距離を求める式を用いてすでに解いていますが（問題 7-2），2点を通る直線の方程式を使うことでもっと簡単に解くことができます．

9-15． 3点 $(x_1, y_1), (x_2, y_2), (x_3, y_3)$ が1つの直線上にあるための条件を書きなさい．

最後に，直線と円が関係する「融合問題」を考えます．

例題 7．円 $x^2 + y^2 = 100$ と直線 $x + y = 2$ の交点を求めなさい．

解．この交点の座標は，円の方程式と直線の方程式との両方を満たさなければならないので，この交点の座標を求めるには連立方程式

$$\begin{cases} x^2 + y^2 = 100 \\ x + y = 2 \end{cases}$$

を解かなければなりません．

この連立方程式を解くと，2つの解 $(8, -6)$ と $(-6, 8)$ が得られます．

答．円 $x^2 + y^2 = 100$ と直線 $x + y = 2$ の交点の座標は $(8, -6)$ と $(-6, 8)$ です．

練習問題

9-16．(1) つぎの各直線と円 $x^2 + y^2 = 100$ の交点を求め

(a) $4x+3y=60$ (b) $3x+4y=50$
(c) $x+3=0$ (d) $y+10=0$

(2) これらの各直線は問 (1) の円とどのような位置関係にありますか.

9-17. 円 $2x+2y-x^2-y^2=1$ と 3 点 $A(5,-1), B(-3,-7), C(9,13)$ があります. 次の問に答えなさい.

(1) この円は直線 AB, BC, AC と交わりますか.

(2) この円は三角形 ABC の辺と交わりますか.

(3) この三角形の辺と (a) 直線 $x=a$ との交点の個数は, a の値によってどのように変わりますか. また (b) 直線 $y=b$ との交点の個数は, b の値によってどのように変わりますか. ◻

§10　代数と幾何

　幾何学的概念を座標の言葉に翻訳することによって, 幾何の問題を代数的に考えることができるようになりました.

　この翻訳によって, 直線と円に関連する多くの問題が 1 次方程式と 2 次方程式の問題に移され, 簡単な一般的な式を用いて解けるようになります.

　座標法が考案された 17 世紀には, 代数方程式を解く技術は高い水準にありました (この頃までには, たとえば 3 次方程式や 4 次方程式の解き方が教えられるようになっていました). フランスの数学者ルネ・デカルトは座標法を考案したときに, 当時の幾何学問題を指して

「私はすべての問題を解けるようにした」という趣旨の発言をしています[14].

幾何学の問題が代数の問題にどのように移されるかを例で見ることにします.

例題 1. 三角形の 3 個の各頂点から,それぞれの対辺に下ろした垂線は一点で交わることを証明しなさい.

解. 図 10.1 のように点 A を座標原点にとり,点 A から点 C の方向が x 軸の正の方向となるよう座標平面を定めます.線分 AC の長さを 1 とし,点 A の座標を $(0,0)$,点 C の座標を $(1,0)$ とします.また,点 B の座標を (m,n) で表すことにします.

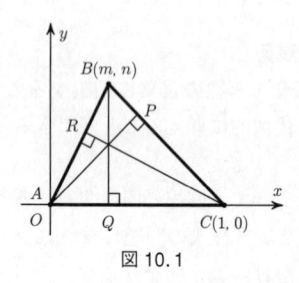

図 10.1

---

14) [訳注] デカルトは『幾何学』冒頭で次のように述べています.「幾何学のすべての問題は,いくつかの直線の長ささえ知れば作図しうるような諸項へと,容易に分解することができる」(ルネ・デカルト(原亨吉訳)『幾何学』,ちくま学芸文庫, p. 7).

以上の準備のもと，問題の条件を座標の言葉に，順を追って移していきます．

三角形の各頂点を通り，対辺へ下ろした垂線を表す方程式[15]を都合のよい形式で書きます．つまり垂線を，ある与えられた点 $M(x_m, y_m)$ を通り，傾きが k_m である方程式

$$y - y_m = k_m(x - x_m)$$

すなわち[16]

$$y = k_m(x - x_m) + y_m$$

の形に書きます．こうすると，線分 AP を含む直線の方程式は

$$y = k_{AP}(x - 0) + 0, \quad \text{すなわち} \quad y = k_{AP} x$$

となります．

線分 AP は三角形 ABC の辺 BC に垂直だから

$$k_{AB} = -\frac{1}{k_{BC}}$$

となります（99 ページの式 (9.4) 参照）．辺 BC の傾きを上の式から求めることもできますが，補充問題 II-15 の結果を使えば直接求めることができます（問題は 231 ページ，答は 270 ページ）．その結果は「点 $M(m_x, m_y)$ と点 $N(n_x, n_y)$ を通る直線の傾きは，これらの2点の y 座標の差を，x 座標の差で割ったもの」

---

15) ［訳注］厳密には，垂線が乗っている直線の方程式．以下同様．

16) 100 ページの例題 5 を参照．

ということです．

このことから，

$$k_{BC} = \frac{n-0}{m-1} = \frac{n}{m-1}$$

であり，

$$k_{AP} = -\frac{1}{k_{BC}} = \frac{1-m}{n}$$

となります．したがって，垂線 AP の方程式は

$$y = \frac{1-m}{n}x \qquad (AP)$$

となります．

同様にして，垂線 CR の方程式

$$y = -\frac{m}{n}(x-1) \qquad (CR)$$

を得ます．

次に，これら2本の垂線の交点 $T(x_t, y_t)$ を求めます．そのためには (AP) と (CR) を連立方程式として解けばよい．たとえば最初の式から2番目の式を引くと，

$$\frac{1-m}{n}x + \frac{m}{n}(x-1) = 0$$

となるから，

$$\frac{1-m+m}{n}x = \frac{m}{n}$$

となり，これを解いて $x = m (= x_t)$ が得られます．こ

うして，点 T の座標は (m, y_t) となります．

さらに，x 軸に垂直な（したがって y 軸に平行な）第三の垂線 BQ の方程式は
$$x = m \qquad (BQ)$$
と書けます．

以上から，次の結論を得ます．点 T の座標がどんな値であっても，三角形 ABC の第三の垂線 BQ は他の 2 本の垂線の交点を通る．これは 3 本のすべての垂線が一点で交わることにほかなりません．これで証明が完了します．

ここで強調しておきたいのは，この例題を解くにあたって図を使ったのは，三角形の頂点を座標で表すときだけであって，それ以外では一切図に頼っていないということです．

幾何学的に解こうとすると大変煩雑でも，座標の言葉に移せば簡単に解ける問題をもう 1 つ見ておきます．

例題 2. 座標平面上に 2 点 A, B が与えられています．点 A までの距離が点 B までの距離の 2 倍となる点 M，すなわち $|AM| : |BM| = 2 : 1$ である点 M の軌跡を求めなさい．

解. 点 A を原点にとり，点 A から点 B の方向が x 軸の正の方向となるよう座標平面を定めます．線分 AB の長さを 1 とし，点 A の座標を $(0, 0)$，点 B の座標を $(1, 0)$ とします．また，点 M の座標を (x, y) で表すことにします．

例題の条件は
$$|AM| = 2|BM| \qquad (10.1)$$
と書けます．座標を用いると，これは
$$\sqrt{x^2+y^2} = 2\sqrt{(x-1)^2+y^2}$$
と書けます．この式をなじみのある形に書き換えます．両辺を2乗して括弧をはずし，続いて同類項をまとめると，等式
$$3x^2-8x+4+3y^2 = 0$$
を得ます．この等式は
$$x^2 - \frac{8}{3}x + \frac{16}{9} + y^2 = \frac{4}{9}$$
すなわち
$$\left(x-\frac{4}{3}\right)^2 + y^2 = \left(\frac{2}{3}\right)^2 \qquad (10.2)$$
と書き換えられます．

こうして，中心が点 $\left(\frac{4}{3}, 0\right)$，半径が $\frac{2}{3}$ である円の方程式が得られました．

求める軌跡のどの点もこの円周上にあること，つまり条件 (10.1) が満たされれば条件 (10.2) が満たされることが証明されました．

このままでは，まだ証明されていないことが残っています．これらの点が円周全体を埋めつくすこと，つまり，(10.2) の表す円周のすべての点が，この軌跡の点でもあることがまだ証明はされていないのです．この証明を行うには，上でのすべての変形を逆の順序にたどっ

て，逆も正しいこと，つまり円周の方程式が成り立てば軌跡を与える条件も満たされることを証明しなければなりません．要するに
$$\left(x-\frac{4}{3}\right)^2+y^2=\left(\frac{2}{3}\right)^2 \Longrightarrow |AM|=2|BM|$$
を証明する必要があります．

この証明は読者におまかせすることにして，答を述べておきます．

答． ある点 A までの距離が，点 B までの距離の 2 倍である点 M の軌跡は円周です．

この問題の解法において，$|AM|$ が $|BM|$ の 2 倍であることは本質的な意味をもちません．条件 (10.1) で，数 2 を任意の整数 k（ただし 1 を除く）におきかえても，解の内容はそのままで，同じく答として円周が得られます（ただし，中心の座標と半径の大きさが変わります）．したがって，実際にはこの解法はもっと一般的に成り立ち，次のことが証明されます．

ある点 M から点 A までの距離と，点 M から点 B までの距離の比の値が $k(\neq 1)$ であるとき（つまり $|AM|:|BM|=k:1$ のとき），点 M の軌跡は円周になる．

座標法の威力を実感するために，幾何学的に得られている定理を読者自身で証明してみてください（「補充問題」の問 II-19 参照）．

注目すべきことに，すでに古代ギリシャで，この問題

やさらに複雑な問題が幾何学的方法で解かれていました．上で解いた問題の幾何学的解法は，紀元前3世紀に活躍した古代ギリシャの数学者アポロニオスの論文「円錐曲線論」に書かれています．

それでも，どうしても解くことができない問題もありました．コンパスと定規だけを用いて作図する次の問題です．
- **立方体の倍積の問題**．与えられた立方体の2倍の体積をもつ立方体を作ること．
- **円積問題**．与えられた円と同じ面積の正方形を作ること．
- **角の三等分の問題**．任意の角を三等分すること．

これらの問題を解決できなかったのは古代ギリシャ人だけではなく，解決されるのはほぼ2000年後の，19世紀になってからのことでした．この問題に関しては，きわめて重要で興味ある事柄があります．

1つ目は，3つの問題はすべて同時に解けるということです．これらの問題は解法の視点からは，一見したところ別々の異なる問題のように見えるものの，ある意味で「非常によく似ている」のです（学校で学んだ「仕事算」の問題と「旅人算」の問題を解くときに，同じ式を使うのと似ています）．

2つ目は，上記の三大問題が解かれると，コンパスと定規を用いて作図するという幾何学的問題にとどまらず代数学へも波及して，理論が展開され，完成されたことです．その理論は急速に発展し，理論の応用範囲は極めて広くなりました．たとえばその理論を基にして，方程式の解を見つける一般公式（2次方程式についてよく知られています）が4次以下の方程式にしかないことが証明されました．

最後に3つ目として，まったく「異常な」結論ですが，上

記の三大問題はすべて解をもたないことで決着がついたということです．つまり，与えられた立方体の2倍の体積の立方体を作ることも，与えられた円と同じ面積の正方形を作ることも，また任意の角を三等分することも，いずれもコンパスと定規だけで行うのは不可能な試みなのです．

これらの作図問題が解けないことがどのようにして証明されるのか，その考え方のあらましを説明しましょう．

これらの問題は幾何学の図形を作図することができないことに関するもので，「作図不能問題」と呼ばれています．この作図不能問題で許されていることは，与えられた線分や角から，新たな線分や角を得ることです．このとき，与えられた長さ a, b, c の線分から，長さが

$$a+b, \ a-b, \ \frac{a \cdot b}{c}, \ \sqrt{a^2+b^2}, \ \sqrt{a^2-b^2}$$

の線分を作ることは容易にできます．

コンパスと定規だけで作図することは，これら5つの演算しかできないことを意味します．つまりある長さの線分が与えられたとき，そこから得られる新たな線分は，上記の演算のいずれかを繰り返すことで得られるものに限られるということです．このことから，「コンパスと定規のみを用いて作図ができるのはどのような場合か」という幾何学の問題は，「ある数が与えられたときに，これら5つの演算から得られる数はどのような数か」という代数の問題に帰着されることになります．

ところで，代数学ではこの問題がどんなときに完全に解けるかがわかっています．そして，上記の演算を用いて数1から数 $\sqrt[3]{2}$ を得ることができないこともわかっています．このことから，立方体の体積を2倍にすることはできないことになります．他の2つの問題についても事情は同じです．

これまでの例では，座標法によって幾何学の問題が代数の問題にどのように移されるかが明らかになりました．また，逆に代数の問題を幾何学的に解釈するとしばしば問題が容易に解けるようになることも学びました．後者のような例題をもう一題解きましょう．

例題3．連立方程式
$$\begin{cases} x^2+y^2=1 \\ x+y=a \end{cases}$$

がただ1つの解をもつのはパラメータ[17] a がどんな値のときですか．それ以外の値の場合にはどうですか．

解．連立方程式の最初の方程式は，中心が原点で半径が1である円の方程式です．後者の方程式は $a \neq 0$ のときは各軸の切片が a である直線を表し，$a=0$ のときは原点を通る直線を表します（図10.2）．

この連立方程式を解いて，方程式を2つとも満たす座標，つまり直線 $x+y=a$ と円の交点を求めます．

明らかに，直線は $a > \sqrt{2}$ または $a < -\sqrt{2}$ のときには円とは交わらず，$a=\sqrt{2}$ または $a=-\sqrt{2}$ のときには円に接し，$-\sqrt{2} < a < \sqrt{2}$ のときには円と交わります．こ

---

17) ［訳注］方程式の変数には無関係だが，その変化によって方程式（表す図形）が変化するもので，とり得る値が変われる定数という意味で**変定数**とも言い，また広い意味では，**媒介変数**とも言います．92ページの脚注参照．

図 10.2

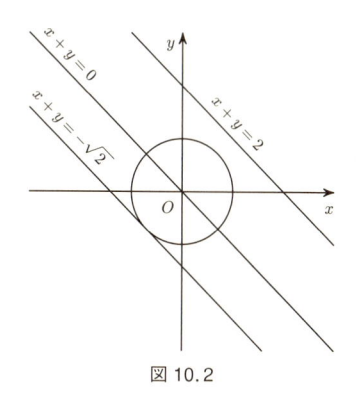

れ以外のケースはありません.

あとは, この結果を代数の言葉に移すだけです.

答. 連立方程式

$$\begin{cases} x^2+y^2=1 \\ x+y=a \end{cases}$$

は,

- $-\sqrt{2}<a<\sqrt{2}$ のとき, 解は 2 つ.
- $a=\sqrt{2}$ または $a=-\sqrt{2}$ のとき, 解は 1 つ (正確には, 2 つの解が重なる).
- $a>\sqrt{2}$ または $a<-\sqrt{2}$ のとき, 解はない.

ここで, 以下の問題を各自で解いてみてください. ど

の問題でも座標系[18]を自分で設定することになります．座標系のとり方次第で，解くのが簡単にも複雑にもなります．

練習問題

10-1. 例題2では $k=1$ の場合を除外していました（111ページ）．同じ問題を $k=1$ の場合について解きなさい．すなわち，2つの与えられた点までの距離が等しい点の軌跡を求めなさい．☒

10-2. 与えられた2点 A, B までの距離の平方の差が，ある定数 c となる点 M の軌跡を求めなさい．また，そのような点が存在するための c の値の範囲を答えなさい．

10-3. 定理「平行四辺形の対角線の平方の和は，四辺の各平方の和に等しい」を座標法を使って証明しなさい．

10-4. 次の方程式の解の個数，連立方程式の解の個数が，パラメータの値に応じてどのように変わるか調べなさい．

(1) $|x|+ky=1$
(2) $(|x^2+a|-y)^2+(y-b)^2=0$
(3) $\begin{cases} x+ay^2=b \\ x^2+y^2=1 \end{cases}$
(4) $\begin{cases} y=ax^2 \\ x=by^2 \end{cases}$
(5) $\begin{cases} y=ax^2+b \\ x=cy^2 \end{cases}$
(6) $\begin{cases} y=ax^2+b \\ x=cy^2+d \end{cases}$

---

[18] ［訳注］「系」とは「組」あるいは「仕組み」の意味で，第1章（18ページ）で学んだように，座標系は単位あたりの長さ，原点，正の方向が定められた座標軸から作られることを思い出そう．

(7) $\begin{cases} |x|+|y|=1 \\ (x-a)(y-b)=0 \end{cases}$ 　　(8) $\begin{cases} x^2+y^2=1 \\ |x|=ky \end{cases}$

§11* 直交座標系以外の座標系

平面上の座標系として，デカルトの直交座標系以外のものが必要になることもあります．そのような座標系のいくつかを学ぶことにします．

1. 斜交座標系

図 11.1 はデカルトの**斜交座標系**を描いたものです．

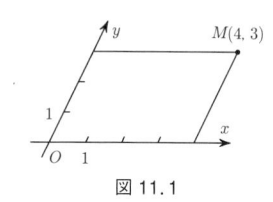

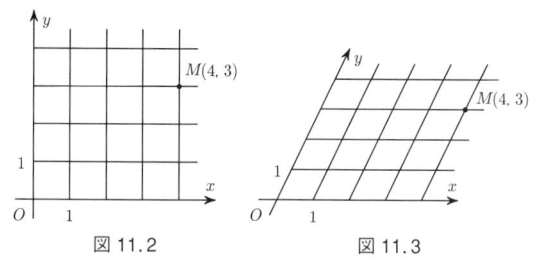

図 11.1

図 11.2　　　図 11.3

この座標系で点の座標がどのように定められるかは，図から明らかでしょう．座標軸の交わる角度を変えたり，座標軸の単位あたりの長さを変えたりすると都合のよい場合があり

ます．

よく知られているように，デカルトの座標系では点や線を描くのに座標の「網」，つまり方眼紙を使うのが便利です．

図 11.2 と 11.3 に，通常の直交座標系と斜交座標系での座標の網を比較のために描いてあります．斜交座標系では 1 つ 1 つの区画が正方形でなく平行四辺形になります．

興味深いのは，直交座標系で書いた方程式と，斜交座標系で書いた方程式とが同じ形になる場合が多いということです．たとえば，方程式

$$\frac{x}{a}+\frac{y}{b}=1$$

はどちらの座標系でも，x 軸，y 軸から切り取られる切片がそれぞれ a,b である直線の方程式です．また，x,y に関しての 1 次方程式はどちらの座標系でも直線で表されます．線分の中点の座標も，線分を与えられた比に分割する点の座標も同様です．

それに対して，平面上の点の距離を求める式は，斜交座標系の場合，座標軸上の単位長さが直交座標系と同じであったとしても複雑になります．座標軸上の単位長さが違うことになれば，2 点間の距離がどう変わるかは，2 点間の線分がどちらかの軸に平行である場合を除き，一般の場合には書くことができません．

練習問題に移りましょう．非常に簡単なものもあれば，しっかり考えないと解けないものもあります．

練習問題

11-1. (1) 直交座標系における式 $y=x$ が，斜交座標系で第 1 象限と第 3 象限を通る直線の式であるためには，座標軸の単位長さと軸の交わる角度がどんな条件を満たさなければ

なりませんか.

(2) 斜交座標系において, 両座標軸上の単位長さの関係がそれぞれ次である場合について, 第1象限と第3象限を通る直線の方程式を書きなさい.

(a) 同じ.　　(b) 比が $m:n$ である.

11-2. 2つの直線が平行であるための条件は, 斜交座標系においても直交座標系と同じですか. 垂直の条件についてはどうですか.

2. 極座標系

デカルトの座標系とは大きく異なる座標系があります. すでに触れたことのある**極座標系**がその例です. ここで, この座標についてもう少し詳しく考えることにします.

ある点 M の極座標を次のように定めます.

数直線である x 軸を平面上にとります. この数直線の原点(点 O) を**極**と言い, x 軸を**始線** (**極座標軸**) と言います. そして, 点 M の極座標系における位置を, 極からこの点までの距離, および点の方向とで定めます.

点から極までの距離を**動径**と言い, 文字 ρ で表します. 方向は x 軸から動径 OM までの回転の角度 (時計と反対回り) で定めます. この角度をこの点の**偏角**と言い, 文字 φ (「ファイ」と読む) で表します. 偏角はラジアン単位で表すことになっています[19].

---

[19] **1ラジアン**は, 円周の半径に等しい長さの円弧に対する中心角です. 円の半径の長さを R とすると, 円周の全長は $2\pi R$ ですから, $360°$ は 2π ラジアンです. このことから1ラジアンは $\dfrac{360°}{2\pi}$ であり, 結局1ラジアンは $\dfrac{180°}{\pi} \fallingdotseq 57°17'45''(= 57.2957°)$ です.

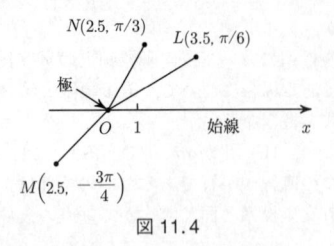

図 11.4 では点 M の動径 ρ は 2.5 であり，偏角は $-\dfrac{3\pi}{4}$ です．

この方法は位置を教えるのにとても簡単な方法で，実際によく使われています．たとえば森で迷った人には，こんなふうに道を教えることがあるでしょう．「松の木の焼けたところ（極）で東（方向）に曲がり，そこから 2 km（極からの距離）歩けばロッジ（点）があります」．

森や草原でオリエンテーション・ゲームをしたり，散策をしたりした経験のある人なら，この「道案内」が事実上極座標を活用していることを納得できるでしょう．

このように，極座標系では平面上の点の位置はこの点の**極座標**と呼ばれる 2 つの数（より正確には，順序づけられた数のペア）(ρ, φ) で定められます．

以上の説明を理解できたかどうかは，いつものように問題を解いて確かめてください．

練習問題

11-3. 通常のデカルト直交座標系で，点
$$A(1,0), \ B(0,-1), \ C(-1,1), \ D(1,-1)$$
が与えられているとします．次の問に答えなさい．

(1) x 軸を動径，原点を極として，これらの点の極座標を

求めなさい．

(2) y 軸を動径，原点を極として，これらの点の極座標を求めなさい．

11-4. 極座標系で与えられた以下の点を座標平面上に図示しなさい．

$$K\left(1, \frac{\pi}{4}\right), L(2,\pi), M\left(1, -\frac{7\pi}{6}\right), N(2,0)$$

11-5. 点 K, L, M は，それぞれ次の点や直線に関して点 $A(\rho, \varphi)$ と対称な位置にあります．

- 点 K：始線 x
- 点 L：極 O
- 点 M：極を通り x に垂直な直線

このとき，次の問に答えなさい．

(1) 点 K, L, M の座標を求めなさい．
(2) $\rho = 2, \varphi = \dfrac{5}{6}\pi$ のときの，4 点 A, K, L, M の位置を座標平面上に図示しなさい．

11-6. 一辺の長さが 1 である正三角形 ABC のすべての頂点の座標を，次のそれぞれの場合について求めなさい．

(1) 1 つの頂点が極と重なり，1 つの辺が始線に重なっている．
(2) 三角形の重心が極に重なり，1 つの辺が始線に平行である．

11-7. 前の問題 **11-6** の「正三角形」を「正方形」と「正六角形」に変え，問 (1), (2) に答えなさい．

極座標系でもデカルト座標系と同様，座標を用いてさまざまな点の集合を定めることができます．

たとえば，極が中心である円についてはこのことは非常に簡単です．実際，中心が極 O であって，半径が R の円周上

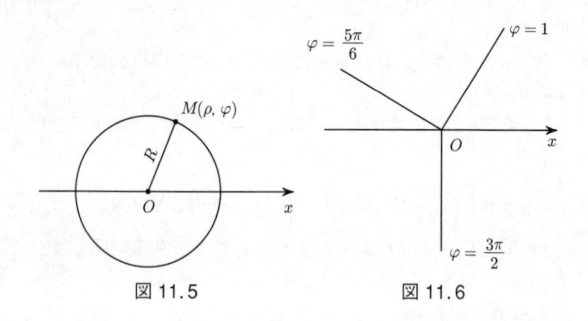

の各点では（図 11.5），動径が半径そのものであることは明らかです．

逆に，この円周上にないどの点も，その動径は R よりも大きいか，あるいは小さくなります．つまり，中心が極であり半径が R である円の方程式は $\rho = R$ です．

座標の 2 番目の項が定数である点の集合，つまり方程式 $\varphi =$ 定数（たとえば $\varphi = \dfrac{\pi}{4}$ や $\varphi = \dfrac{\pi}{2}$ など）が表す点の集合が何であるかは，図 11.6 を見ればすぐにわかるでしょう．α をある定まった数とすると，方程式 $\varphi = \alpha$ は極から出て，始線との角度が α である半直線を表します．

方程式 $\varphi = 1$ は極から出て始線との角度が約 57° の半直線を表し，方程式 $\varphi = \dfrac{3\pi}{2}$ は，偏角が $\dfrac{3\pi}{2}$ つまり 270° だから，鉛直下向きの半直線を表します．

これらの例から，極座標のどちらかが定数である場合には，極を中心とする円周（$\rho =$ 定数）か，極から出る半直線のどちらかになります．これらの線は極座標系の「座標扇形」を作ります（図 11.7 参照．これは m, n を自然数とし

図 11.7

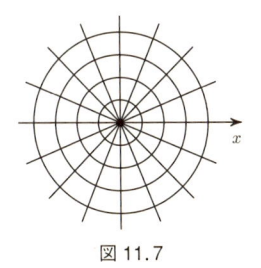

て値 $\rho = m$, $\varphi = \dfrac{n\pi}{8}$ に対応する座標扇形を図示したものです).

極座標で曲線を描く例をさらにいくつか見ておきます.

例 1. デカルト座標系における方程式のなかで, 極座標系との関連で興味あるものの 1 つに $x = y$ があります. デカルト座標系では, これが第 1 象限と第 3 象限を半分に分割する直線を表すことは, すでに学びました.

では, 極座標系でこれに類似の方程式は何を表すのでしょうか. 実は,「単純な」方程式

$$\rho = \varphi$$

は, 極座標平面では大変複雑な曲線を描きます (図 11.8).

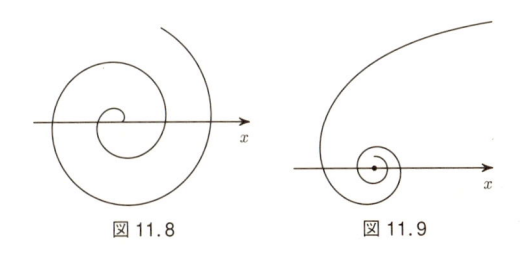

図 11.8   図 11.9

実際，$\varphi=0$ のときは $\rho=0$ であり，座標が2つともゼロであるのは極です．φ が大きくなれば ρ も大きくなり，点は極の周りを時計と反対の方向に回りながら，極から遠ざかっていきます．この曲線は「アルキメデスの螺線」と呼ばれています．

例2. 次の方程式で与えられる螺線もあります．

$$\rho = \frac{1}{\varphi}$$

この場合は，φ の値が0に近づくと ρ の値は大きくなります．たとえば，$\varphi=0.01$ なら $\rho=100$，$\varphi=0.001$ なら $\rho=1000$ といった具合です．

φ が大きくなれば ρ は小さくなるため，螺線は φ が大きくなるにしたがって点 O に「巻き付く」ような形の線を描きます．図11.9を見てください．

もう1つの例は「付録」に紹介してあります（巻末注5参照）．

代数曲線（代数式で与えられる曲線）を描く場合にも，極座標系はデカルトの座標系より便利なことがあります．たとえば，円の方程式やカーディオイド（心臓形，図11.10a）の方程式を，デカルトの座標系での $x^2+y^2=R^2$，$(x^2+y^2+y)^2=x^2+y^2$ と，極座標系での $\rho=R$，$\rho=1-\sin\varphi$ と比較してみればよくわかるでしょう．

ところで，極座標系の長所を正しく評価するには，三角関数についての多少の知識が必要です．ここで明らかなことは，カーディオイドの極座標系の方程式のほうが「見た目」に簡単であるだけでなく，この曲線を描く場合にも，またその性質を調べる場合にも大変便利であるということです．

このことは，第8節の終わりに描いた花のような形の曲線（図8.4と図8.5）が，極座標では極めて簡単な方程式

(a)

(b)

(c)

図 11.10

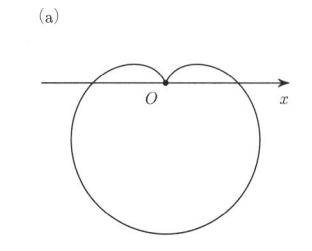

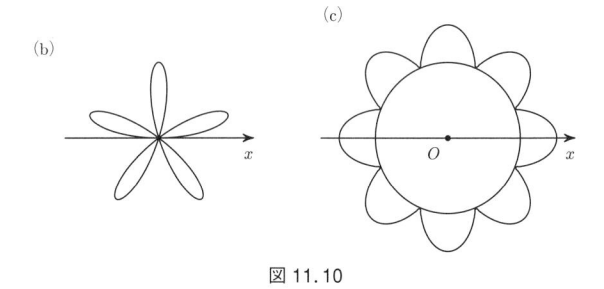

$$\rho = \sin 5\varphi \quad (\text{図 11.10b}),$$
$$(\rho-2)(\rho-2-|\cos 4\varphi|) = 0 \quad (\text{図 11.10c})$$

で表されることからもわかります．

三角関数についてのごく初等的な知識さえあれば，これ以外の「花型」曲線を各自で考え出すこともできるし，次の問題を解くこともできるでしょう．

練習問題

11-8. 方程式 $\rho = 1 - \cos\varphi$ で表される曲線は始線に関し

11-9. (1) 次の各方程式で表される曲線を描きなさい．

(a) $\rho = \sin 6\varphi$

(b) $(\rho - 1)(\rho - 1 - |\cos 4\varphi|) = 0$

(c) $(\rho - 1)(\rho - 1 - |\cos 3\varphi|)(\rho - \sin 6\varphi) = 0$

(2) 上記 (1)(a) の「花」について，花弁がそれより 2 倍大きい「絵」を描く方程式を求めなさい．

11-10. 次の各方程式を満たす点の集合を求めなさい．

(a) $\rho = \sin \varphi$

(b) $\rho \cdot (\cos \varphi + \sin \varphi) + 1 = 0$

11-11. 極座標で次の直線を表す方程式を求めなさい．

(a) 極を通る直線

(b) 始線に平行な直線

(c) 始線に垂直な直線

(d) 始線との角が α であって，極からの距離が ρ である直線

平面上の点と極座標とが 1 対 1 で対応するかどうかについては，まだ何も述べていません．それは単に，この対応が 1 対 1 ではないからです．

実際，角 φ に 2π の何倍の角度を加えても動径の方向は変わりません．言いかえれば，ρ を正として極座標が (ρ, φ) の点と $(\rho, \varphi + 2\pi k)$ の点は，k が整数ならどの値であっても一致します．

他方，極座標平面上では，たとえば座標が $\left(-1, \dfrac{\varphi}{4}\right)$ である点を求めることはできません．それは，ρ が「点から極までの距離」と定義されていて，距離が負になることはあり得ないからです．

3. 円周上の座標（円周座標系）

この本の「はじめに」では曲線に座標を導入することができると述べ，第1章では最も単純な曲線である直線上の座標を考えました．今度は，さらに別の曲線として円周を考え，円周上にどのようにして座標を与えることができるかを述べることにします．

直線の場合と同じように，円周上のある点を原点（図 11.11 の点 O）に選びます．円周上の運動の方向は，いつものように時計の針と反対方向を正と定めます．また，円の半径を1とします．これは直線の場合とは違っていますが，自然なやり方です．

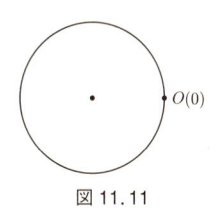

図 11.11

円周上の点 M の座標の正負は次のように定めます．まず，点 O から点 M への回転方向が時計と反対方向であれば，弧 OM に符号「+」を付け，時計と同じ方向であれば符号「−」を付けます．座標が a である点 $M(a)$ を描くには，符号を考慮した長さ a の弧を円周上にとります．

この様子をイメージするには，円の半径を単位長さとする数直線 Ox を作り，それをこの円に「巻きつける」ところを想像するとよいでしょう．このとき数直線上の点は，円周上では同じ座標をもつ点として重ねて「プリント」されます（図 11.12）．

すぐにわかるように，この座標系では直線上の座標系と

図 11.12

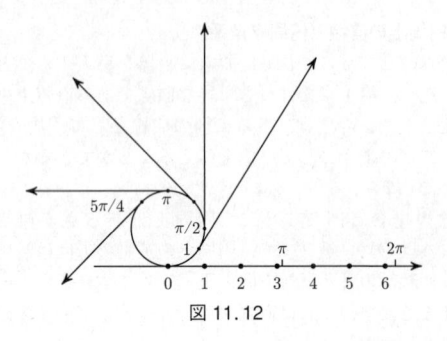

違い，点と数との間の 1 対 1 対応はありません．実際，数 a にはこの座標をもつ点 $M(a)$ が 1 つだけ対応しますが，逆はそうではありません．長さが 0 から 2π までの線分を「巻きつける」だけで円周はすっかり埋めつくされ，さらに巻き続けると，点は 2 回，3 回，4 回……と重ねて「プリント」されることになるからです．

このことから，円周上の点はどれも，1 つの座標ではなく無限に多くの座標をもつことになります[20]．たとえば，原点 O は座標としては 0 だけでなく，数 $2\pi, 4\pi, 6\pi, \dots$ さらに一般に，正とは限らない整数を n として，$2n\pi$ の形で表される任意の数となります．n が「正とは限らない」のは，数直線の負の部分を円周に「巻きつける」こともできるからです！

一般に，円周上のある点 M の座標が a であれば，n をあ

---

[20] このようにして導入された円周上の点の座標は，極座標での座標が $\rho = 1$ と φ である点と同じです．このことから，極座標では点と座標との 1 対 1 対応がないという性質が円周座標にも現れるのだと気づくはずです．

§ 11* 直交座標系以外の座標系

図 11.13

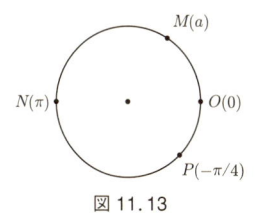

る整数とする任意の数 $a+2\pi n$ もまた点 M の座標になります（図 11.13）．

練習問題

11-12. 次の座標で与えられた点を円周上にとりなさい．

(a) $A\left(\dfrac{\pi}{3}\right)$ (b) $B\left(-\dfrac{\pi}{3}\right)$

(c) $C\left(\dfrac{3\pi}{2}\right)$ (d) $D\left(-\dfrac{3\pi}{2}\right)$

11-13. (1) 次の座標で与えられた点を円周上にとりなさい．

(a) $A(1)$ (b) $B(2)$ (c) $C(3)$ (d) $D(4)$
(e) $E(5)$ (f) $F(6)$ (g) $G(7)$ (h) $H(8)$
(i) $I(9)$ (j) $J(10)$

(2) (1) の点のうち，原点 $O(0)$ に最も近い点はどれですか．

(3) (1) の 10 個の点を，原点 $O(0)$ から遠い順に並べなさい．

11-14. 円周座標系で以下の正多角形を描きます．それらの頂点のひとつが原点 $O(0)$ であるとき，残りの頂点の座標を求めなさい（図 11.14 参照）．

(a) 正三角形 (b) 正方形 (c) 正五角形 (d) 正

(a) (b) (c) (d)

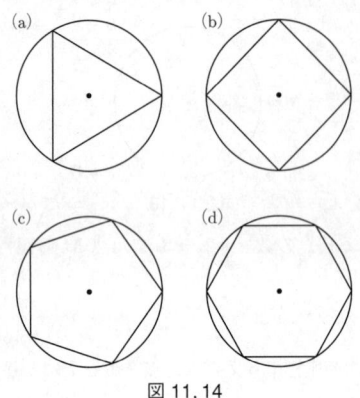

図 11.14

n 角形

11-15. 円周座標系において,ある点 $M(a)$ をとります.つぎの問に答えなさい(図 11.15 参照).

(1) 次の点の座標を求めなさい.

(a) 原点を通る直径 OO_1 に関して点 M と対称な点 N.

(b) 直径 OO_1 に垂直な直線に関して点 M と対称な点 P.

(c) 円の中心に関して点 M と対称な点 Q.

(2) 点 M, N, P, Q のうち点 $O(0)$ に最も近いのはどれですか.

11-16. 円周上の点 $A(\pi), B(6-\pi), C\left(\dfrac{9}{\pi}\right)$ は,大変狭い範囲内にあります(図 11.16 参照).次の問に答えなさい.

(1) これらの点の順序関係がはっきりわかるように,点線で囲まれた部分を拡大して描きない.

(2) 上の (1) と同じ図に,さらに 2 点 $P(3.14), Q(3\times$

§11* 直交座標系以外の座標系　　131

図 11.15

図 11.16

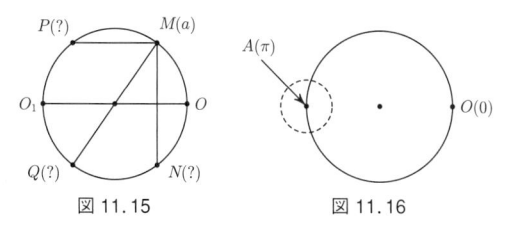

3.14) を追加しなさい．◻

　当然ですが，円周上の点の位置は，前に行ったようにデカルト座標 (x, y) で定めることができます．ところで円周は曲線だから 1 次元であるのに，デカルト座標は 1 つの座標（成分）でなく 2 つの座標（成分）をもっています．このことはどう考えればよいのでしょうか．

　実は，これらの 2 つの座標は独立ではありません．つまり，点 $M(x, y)$ が中心が原点であり，半径が 1 である円周上の点であると前提されていれば，円周上の点を定めるには座標（成分）のどちらかだけを決めればよいことになります．図 11.17 と 11.18 とを見てください．

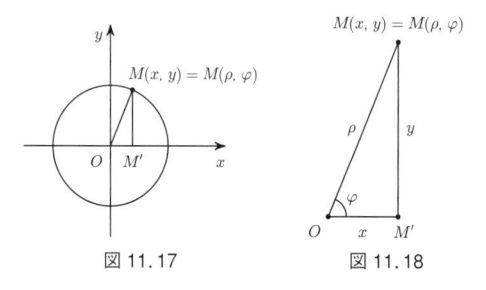

図 11.17

図 11.18

単位円周上の点のデカルト座標は，数学において独自の役割を果たしており，特別な名称が付いています．それは多くの読者はとっくの前に知っている，極めて簡単な，角 φ の sin（サイン，正弦）と cos（コサイン，余弦）です．三角法の基本公式

$$\sin^2 x + \cos^2 x = 1$$

は，デカルト座標が $(\cos x, \sin x)$ である点は単位円周上にあることを意味しています．

第3章 空間座標

§12 座標軸と座標平面

　直交デカルト座標を使えば，空間における点の位置を定めることもできます．それには（平面の場合のような）2本の軸ではなく3本の軸を用います．すなわち横軸 x と縦軸 y，そして追加軸 z[1] を用意するだけでよいのです．これらの軸はいずれも座標原点 O を通り，それぞれ互いに直交しています．この点 O は，3本の軸それぞれの目盛りの起点になるものです．軸の方向の定め方は，x 軸の正の半軸が，z 軸の正の半軸を見て，時計の針と反対方向に 90° 回転させるとき，y 軸の正の半軸と重なるように定めるのが一般的です（図 12.1）．長さの単位は3本の軸とも同じです．

　空間の場合には，平面のときのような座標軸だけでなく，**座標平面**，すなわち3本の座標軸のうちのどれか2本を通る平面を考えると便利です．このような平面は3つあります（図 12.2）．すなわち，次の平面です．

1）［訳注］原書では「追加」を意味するラテン語 applicata に対応する語が使われています．

図 12.1   図 12.2

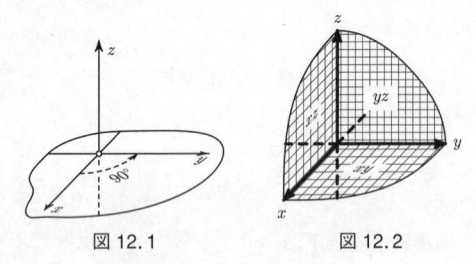

- x 軸と y 軸を通る xy 平面
- x 軸と z 軸を通る xz 平面
- y 軸と z 軸を通る yz 平面

これで,空間の各点 M に,この点の座標となる3個の数 x, y, z が次のように定まります.

これらの数のうち,最初の数 x を求めるには,点 M を通って yz 平面に平行な平面を引きます(引かれるこの平面は x 軸に垂直でもあります).この平面と x 軸との交点(図 12.3 a の点 M_1)がこの軸上の座標 a となります.点 M_1 の x 軸上の座標であるこの数 a を,平面の場合と同様に点 M の **x 座標**(または**横座標**)と言います.

2番目の座標を求めるには,点 M を通って xz 平面に平行な(y 軸に垂直な)平面を引きます.すると y 軸上に点 M_2 が求まります(図 12.3 b).点 M_2 の y 軸上の座標である数 b を点 M の **y 座標**(または**縦座標**)と言います.

同様に点 M を通って xy 平面に平行な(z 軸に垂直

(a) (b) (c)

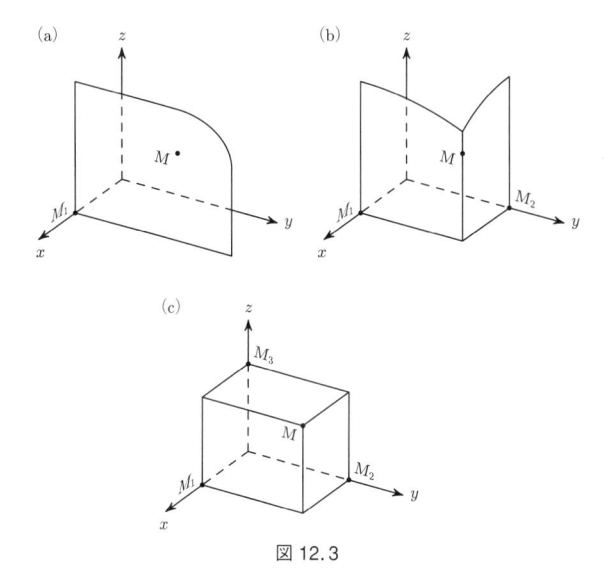

図 12.3

な)平面を引き，点 M_3 の座標である数 c を z 軸上から読み取ります（図 12.3 c）．この数を点 M の **z 座標**（または**追加座標**）と言います．

このようにして空間の各点に 3 つの数——x 座標，y 座標，z 座標（横座標，縦座標，追加座標）——の組を対応させます．

逆に，順序の定まった（最初が a，次が b で，その次が c）3 つの数の組 (a,b,c) に，空間の確定した点 M を対応させることができます．それには上に述べた作

図の手順を逆にたどって，それぞれの軸上に，切片が a, b, c である点 M_1, M_2, M_3 をとり，これらの点を通って座標平面に平行な平面を描きます．このとき，これら3つの平面の交点が求める点 M になります．明らかに，数 a, b, c がその点の座標です（巻末注6）．

P こうして空間の点と，順序づけられた3個の数の組（点の座標）との間に，1対1対応がつけられることになります[2]．

空間における座標を完全に理解するには，空間の幾何学である「立体幾何学」の知識が必要です．しかし，その大部分は単純でしかも視覚的であるので，容易に理解できるでしょう．厳密な基礎は「立体幾何学」で学べます．その1つは「空間における座標も平面上の座標と同様に定義できる」ということですが，これは簡単に証明できます（巻末注7）．

P 空間の点 M の座標とは，この点の座標軸への正射影を言います．

平面について導かれた式の多くは，わずかな追加をすれば空間についても成り立つことがわかります．

P たとえば，2点 $A(x_1, y_1, z_1)$，$B(x_2, y_2, z_2)$ 間の距離は式[3]

$$\rho(A, B) = \sqrt{(x_1 - x_2)^2 + (y_1 - y_2)^2 + (z_1 - z_2)^2}$$

---

[2] 1対1対応については20ページと59ページを参照．
[3] この式は平面の場合と非常によく似たやり方で導けます．各自で導いてみてください．

で計算され，特に点 A から原点までの距離は式
$$\rho(O, A) = \sqrt{x^2+y^2+z^2}$$
で計算されます．

また，点 $A(x_a, y_a, z_a)$ と点 $B(x_b, y_b, z_b)$ の座標を用いて，線分 AB の中点 $M(x_m, y_m, z_m)$ の座標を表す式も簡単に得られます．x 座標 x_m は直線上の点の場合と同じ式で書くことができて，残りの y_m, z_m についても同様です．こうして式

$$x_m = \frac{x_a+x_b}{2}, \quad y_m = \frac{y_a+y_b}{2}, \quad z_m = \frac{z_a+z_b}{2}$$

が得られます．

この式を導くことも，またはその一般化である，線分を $\lambda:1$ の比に分割する式を導くことも難しくはないはずですが，それは次の事実によります．各軸への点 M の正射影は，その軸への線分 AB の正射影を，点 M が線分 AB そのものを分割する比と同じ比で分割しますが，正射影については数直線上の式として，すでにわかっているのです（巻末注 8）．

練習問題

12-1. 単位立方体，すなわち頂点の 1 つが原点で，そこから伸びる 3 本の辺は長さが 1 で正の方向に出ている立方体を描きなさい．この立方体の頂点を，図 12.4 のように文字 $A, B, C, D, A_1, B_1, C_1, D_1$ で表すことにします．

(1) 単位立方体のすべての頂点の座標を求めなさい．

(2) 面 AA_1B_1B 上にある対角線の交点の座標を求めなさ

図 12.4

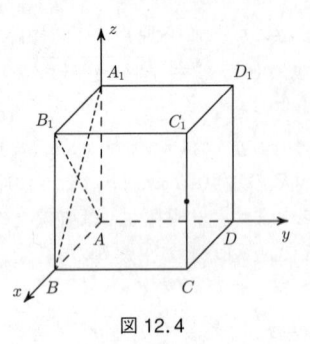

い．

(3) 辺 CC_1 の中点の座標を求めなさい．

(4) 単位立方体の頂点 A から，面 BB_1C_1C 上の対角線の交点までの距離を求めなさい．

(5) 次の各点は単位立方体の内部にあるか，それとも外部にあるかを答えなさい．

$M(1, 0, 5)$ $\qquad$ $N(3, 0, 1)$

$P\left(\dfrac{1}{3}, \dfrac{3}{4}, \dfrac{2}{5}\right)$ $\quad$ $Q\left(\dfrac{7}{5}, \dfrac{1}{2}, \dfrac{3}{2}\right)$

$R\left(\dfrac{2}{5}, -\dfrac{1}{2}, 0\right)$ $\quad$ $S\left(1, \dfrac{1}{2}, \dfrac{1}{3}\right)$

(6) 単位立方体の内部あるいは面上にある点の座標が満たす条件を求めなさい． ◻

12-2. 空間内の次の 8 個の点を考えます．

$(1, 1, 1),$ $\qquad$ $(1, 1, -1),$ $\qquad$ $(1, -1, 1),$
$(1, -1, -1),$ $\quad$ $(-1, 1, 1),$ $\qquad$ $(-1, 1, -1),$
$(-1, -1, 1),$ $\quad$ $(-1, -1, -1)$

(1) 点 $(1, 1, 1)$ から最も遠い点はどの点ですか．また，そ

の距離はいくらですか.

(2) 点 $(1,1,1)$ に最も近い点はどの点ですか.

(3) これら8個の点すべてから等距離にある点はありますか. もしあるなら, その点の座標を答えなさい. ☒

(4) 問題 **12-1** の単位立方体のすべての頂点から等距離にある点はありますか. もしあるなら, その点の座標を答えなさい.

(5) この問題の冒頭に示した8個の点のうち, 次のものに関して対称な点のペアを選びなさい.

(a) 座標原点
(b) どれかの座標軸 (どの軸かも答えなさい)
(c) どれかの座標平面 (どの平面かも答えなさい)

§13 空間図形

平面と同様に座標間の関係式を用いることで, 空間の座標は点だけでなく, 線や面などの点集合を与えることができます.

例として, 2つの座標を固定して残りの座標が任意である場合に, どんな点集合が得られるかを見てみましょう. a,b を与えられた数 (たとえば $a=5, b=4$) とするとき, 条件
$$x = a, \quad y = b$$
は空間内に z 軸に平行な直線を与えます (図 13.1). この直線に含まれるすべての点は同じ x 座標と y 座標をもち, z 座標は任意の値をとります.

まったく同じように, 条件

図 13.1

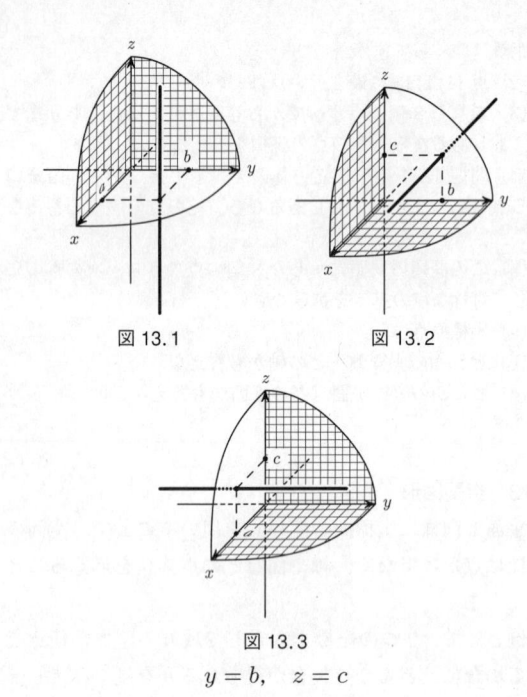

図 13.2

図 13.3

$$y = b, \quad z = c$$

は x 軸に平行な直線を（図 13.2），

$$x = a, \quad z = c$$

は y 軸に平行な直線を与えます（図 13.3）．

1つの座標だけを固定して，たとえば

$$z = 1$$

としたときに，どんな点集合が得られるでしょうか．

答は図 13.4 から明らかです．それは，xy 平面（x 軸

と y 軸を通る平面）に平行な平面であって，z 軸の正の方向に 1 だけ離れた平面です．

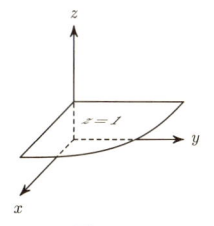

図 13.4

空間において，座標間の方程式や，その他の関係式で定められる点の集合として，いろいろな図形がどのように定まるかを示す例をもう少し見ておきましょう．

例 1．方程式
$$x^2 + y^2 + z^2 = R^2 \qquad (13.1)$$
を考えます．左辺の平方根 $\sqrt{x^2+y^2+z^2}$ は点 (x,y,z) から座標原点までの距離を表し，方程式 (13.1) を幾何学の言葉に翻訳すると明らかに，「この方程式を満たす点 (x,y,z) は原点からの距離が R である」ということになります．したがって，方程式
$$x^2 + y^2 + z^2 = R^2$$
を満たす点の集合は，中心が原点で，半径が R である**球面**です．

例 2．座標が不等式
$$x^2 + y^2 + z^2 \leqq 1$$
を満たす点の集合はどんな図形かを考えましょう．この

不等式は，点 (x, y, z) から座標原点までの距離が 1 であるか，それより小さいことを意味します．したがって求める点の集合は，中心が原点で，半径が 1 である球体の内部です（球面を含む）．

例 3. 方程式
$$x^2 + y^2 = 1 \tag{13.2}$$
で，どんな点の集合が定まるでしょうか．まずはじめに，この方程式を満たす点のうち xy 平面上の点，すなわち $z = 0$ である点だけを考えます．前に見たように（82 ページ），このときには方程式 (13.2) は中心が原点で半径が 1 である円周を与えます．円周上のどの点も z 座標は 0 であって，x 座標と y 座標はいずれも方程式 (13.2) を満たします．たとえば，$P\left(\dfrac{3}{5}, \dfrac{4}{5}, 0\right)$ はこの方程式を満たします（図 13.5）．

ところで，1 つの点がわかれば，この方程式を満たすほかの点もすぐにわかります．実際，方程式 (13.2) が z を含まないことから，たとえば点 $\left(\dfrac{3}{5}, \dfrac{4}{5}, 10\right)$ がこの方程式を満たすと言えます．同様に点 $\left(\dfrac{3}{5}, \dfrac{4}{5}, -5\right)$ も，さらに一般に，座標 z の値がまったく任意である点 $Q\left(\dfrac{3}{5}, \dfrac{4}{5}, z\right)$ もこの方程式を満たします．これらの点はすべて，点 $\left(\dfrac{3}{5}, \dfrac{4}{5}, 0\right)$ を通って z 軸に平行に引かれた直線上にあります．

こうして，xy 平面上のこの円周上の各点 $(x^*, y^*, 0)$

§13 空間図形　　　　　　　　　　　143

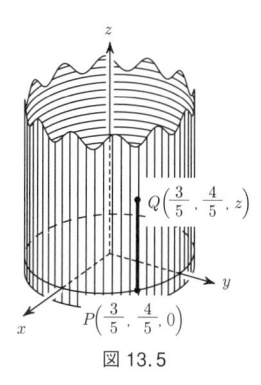

図 13.5

から，方程式 (13.2) を満たす多くの点を得ることができます．それには円周上のこの点を通って z 軸に平行な直線を引けばよい．この直線上のどの点も円周上の点と同じ x 座標と y 座標をもち，z 座標は任意の値をとり，点の座標は (x^*, y^*, z) の形です．ところで，z は方程式 (13.2) には含まれていないので，数 $(x^*, y^*, 0)$ はこの方程式を満たし，数 (x^*, y^*, z) もまた方程式 (13.2) を満たします．このようにして，方程式 (13.2) を成立させるすべての点が得られることは明らかでしょう．

結局，方程式 (13.2) で与えられる点の集合を得るには，xy 平面上に，中心が座標原点で半径が 1 である円を描き，この円周上の各点から z 軸に平行な直線を引けばよいことになります．

つまり，方程式

$$x^2+y^2=1$$

は空間において，いわゆる**円柱面**を与えます（図 13.5）．

例 4. 空間では，1 つの方程式が一般的に何らかの曲面を表すことを見ましたが，しかし，いつでもそうだとは限りません[4]．

たとえば，方程式

$$x^2+y^2=0$$

では，x も y も 0 となり，これらの座標が 0 である点はどれも z 軸上にあるので，この方程式を満たす点は直線，すなわち z 軸だけです．

方程式

$$x^2+y^2+z^2=0$$

はただ 1 つの点（原点）を与えます．

また方程式

$$x^2+y^2+z^2=-1$$

を満たす点はないので，この方程式には点のない集合（空集合）が対応します．

例 5. 点の座標が 1 つの方程式ではなく，たとえば次のような連立方程式

$$\begin{cases} x^2+y^2+z^2=4 \\ z=1 \end{cases} \quad (13.3)$$

を満たすとすればどうなるでしょうか．

最初の方程式を満たす点は，中心が原点で半径が 2

---

[4] §6 の内容（65〜67 ページ）と較べてみてください．

である球面です．2番目の方程式を満たす点は，xy平面に平行で，この平面からz軸の正の方向に1だけ離れた平面です．

2つの方程式をともに満たす点は，球面$x^2+y^2+z^2=4$および平面$z=1$上に，つまりこれらが交わる曲線上になければなりません．

こうして，連立方程式 (13.3) は球面と平面との交わりである**円周**を与えます（図 13.6）．

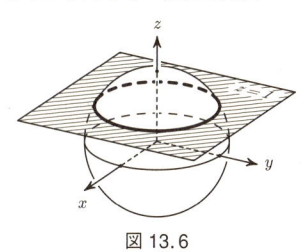

図 13.6

練習問題

13-1. 次のそれぞれの点について，その点が (13.3) の最初の方程式で与えられる球面上の点であるか，2番目の方程式で与えられる平面上の点であるか，それらの交わりである円周上の点であるかを答えなさい．

$A(\sqrt{2}, \sqrt{2}, 0),\qquad B(\sqrt{2}, \sqrt{2}, 1),$
$C(\sqrt{2}, \sqrt{2}, \sqrt{2}),\qquad D(1, \sqrt{3}, 0),$
$E(0, \sqrt{3}, 1),\qquad F(-1, -\sqrt{2}, 1)$

連立方程式の各方程式がある曲面を表し，2つの方程式が組み合わさって曲線を与えることになります．

例 6. xz 平面上に，中心が原点で半径が 1 である円周を与えるにはどうすればよいでしょうか．

方程式 $x^2+z^2=1$ は，すでに見たように円柱面を与えます．求められている円周だけを得るには，この方程式に条件 $y=0$ を追加して，平面 xz にある点を円柱面全体から取り出さなければなりません（図 13.7）．

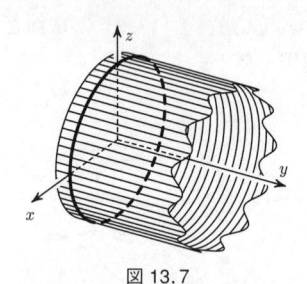

図 13.7

こうして，次の連立方程式を得ます．

$$\begin{cases} x^2+z^2=1 \\ y=0 \end{cases}$$

注意． これとは別のやり方で，球と平面との交わりとしてこの円周を与えることもできます．

練習問題
13-2. 次の方程式は空間にどんな点の集合を与えますか．
(a) $z^2=1$
(b) $y^2+z^2=1$

(c) $x^2+y^2+z^2=1$

13-3. 次の連立方程式で，同じ曲線を与えるのはどれとどれで，違う曲線を与えるのはどれとどれですか．

(a) $\begin{cases} x^2+y^2+z^2=1 \\ y^2+z^2=1 \end{cases}$

(b) $\begin{cases} x^2+y^2+z^2=1 \\ x=0 \end{cases}$

(c) $\begin{cases} y^2+z^2=1 \\ x=0 \end{cases}$

13-4. 空間における xy 平面はどのように与えられますか．1つの方程式 $x=y$ は空間のどのような点の集合を与えますか．

§14 空間における平面

1. いくつかの例

空間における平面の方程式はこれまでにいくつか書きました．たとえば，座標平面 xy, yz, zx はそれぞれ $z=0, x=0, y=0$ で与えられます．座標平面に平行な平面の方程式も容易に得られます．たとえば，$z=1$（図 14.1 参照），$x=3, y=-5$ などです．

円柱曲面を得るのと同じやり方で，別種の曲面が得ら

図 14.1

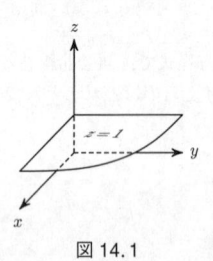

れます[5]。

例1. 第2章で学んだことですが、方程式 $\dfrac{x}{3} + \dfrac{y}{2} = 1$ は x 軸、y 軸をそれぞれ 3, 2 で切る xy 平面上の直線 MN を与えます。z 軸を追加してこの方程式を空間で考えると、z 座標が 0 である直線 MN の点だけでなく、直線 MN 上の各点から xy 平面に垂直に（同じことですが、z 軸に平行に）引かれた線上のすべての点の座標がこの式を満たします。こうして、

|P| 方程式

$$\frac{x}{3} + \frac{y}{2} = 1$$

は空間において、z 軸に平行で、x 軸、y 軸の切片がそれぞれ 3 と 2 である平面を与えます（図 14.2）。

空間に平面ではなく直線 MN を与えようとするのであれば、その方程式に条件 $z=0$ を付け加えなければな

---

[5] 実情は、平面を円柱面の一種とみなすこともできるということです（巻末注 9）。

§14 空間における平面

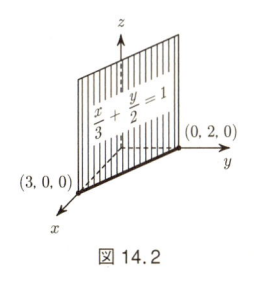

図14.2

りません．このことを行うと，連立方程式

$$\begin{cases} \dfrac{x}{3} + \dfrac{y}{2} = 1 \\ z = 0 \end{cases}$$

となります．

ところで，どれかの座標軸，たとえば x 軸に平行な平面の方程式を求めるには，選んだ座標軸を含まない座標平面（いまの場合は yz 平面）と，求める平面との交わりである直線の方程式（だけ）を書けばよいことになります．この方程式は x 座標を含みません．このことが，この求める平面と x 軸とが平行であることを裏づけています．

例題 1. z 軸に平行で，点 $M(3, -2, 1)$ と $N(2, 0, -1)$ を通る平面の方程式を求めなさい．

解． 点 $M(3, -2, 1)$ と点 $N(2, 0, -1)$ の xy 平面への正射影である点 $M_1(3, -2, 0)$ と点 $N_1(2, 0, 0)$ を通る，xy 平面における直線の方程式は次のように書けます．

$$\frac{x-3}{2-3} = \frac{y+2}{0+2} \quad \therefore 2x+y = 4.$$

これが，空間における求める平面の方程式となります．

答．点 $M(3,-2,1)$ と点 $N(2,0,-1)$ を通り z 軸に平行な平面の方程式は $2x+y=4$ です．

ここで，簡単な問題をいくつか解くことにしましょう．

練習問題

14-1. y 軸に平行で，x 軸と z 軸にそれぞれ点 $M(3,0,0)$ と $N(0,0,-2)$ で交わる平面の方程式を書きなさい．

14-2. 単位立方体（図 14.3，および 137 ページの問題 12-1 参照）の対角面 BB_1D_1D の方程式を書きなさい．☒

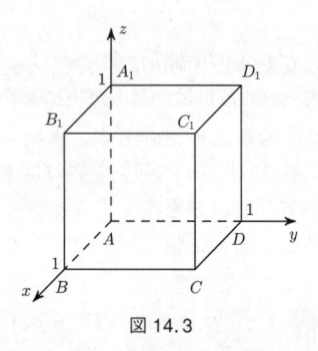

図 14.3

14-3. z 軸に平行で，それぞれ次の点を通る平面の方程式を書きなさい．

(a) $(1,5,-3)$ と $(-1,2,-5)$

(b) $(0,0,0)$ と $(1,2,3)$

2. 一般的な平面の方程式

これまでに考察した例で出会った平面は，特別な位置にあるものでした．つまりどれかの座標軸に平行であるか（たとえば y 軸に平行な平面 $2x+3z=4$），あるいはどれかの座標平面に平行であるか（たとえば yz 平面に平行な平面 $x=-4$）でした．これらのいずれの場合にも，平面の方程式は x,y,z についての 1 次式で表されました．このことは特別な場合だけでなく一般の場合にも正しくて，次のように述べることができます．

1. 空間では，どんな平面も変数 x,y,z に関する
$$Ax+By+Cz=D$$
（$A=B=C=0$ の場合を除く）

の形の 1 次方程式で与えられる．

2. 逆に，3 つの変数に関する 1 次方程式は，いずれも空間での何らかの平面を与える．

この 2 つの主張から，「一般的な位置」にある平面，すなわち 3 本の軸 x,y,z のどれとも交わる平面の方程式を書くことができます（図 14.4，および巻末注 10 参照）．

平面での類似のケースを復習しておきましょう．座標軸と 2 点 $(a,0),(0,b)$ で交わる直線の方程式は，
$$\frac{x}{a}+\frac{y}{b}=1$$
と書けます．

図 14.4 では，3 点 $M(2,0,0), N(0,3,0), P(0,0,4)$

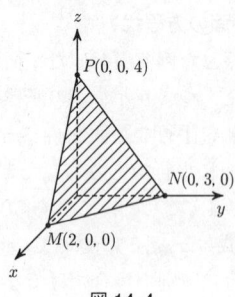

図 14.4

で座標軸と平面が交わっています．この平面の方程式は，直線の切片形の方程式との類推から，

$$\frac{x}{2}+\frac{y}{3}+\frac{z}{4}=1$$

と書けます．

これで問題は解けた！ そう言えるのは次のことからです．第一に，この方程式は平面を与えています（この方程式が3つの変数に関する1次方程式であるため）．第二に，M, N, P のどの3点もこの平面上の点であることが直接的に確かめられます．これ以上，何も必要ありません（巻末注11参照）．

平面の切片形の方程式 $\dfrac{x}{a}+\dfrac{y}{b}+\dfrac{z}{c}=1$ の分母をはらって $bcx+acy+abz=abc$ の形に，あるいはさらに係数を書き換えて（$bc=A, ac=B, ab=C, abc=D$ として），

$$Ax+By+Cz=D$$

と書くことができます.

式 $Ax+By+Cz=D$ を空間における**平面の一般形の方程式**と言います. この形式の方程式によって, 平面が座標軸とどんな位置関係にあっても, その平面を与えることができます.

練習問題

14-4. 次の平面を与える方程式を一般形で書きなさい. また, それぞれの場合について A,B,C,D のとり得る値を答えなさい.

(a) 座標原点を通る
(b) x 軸に平行
(c) y 軸に平行
(d) z 軸に平行
(e) xy 平面に平行
(f) yz 平面に平行
(g) zx 平面に平行
(h) y 軸を通る
(i) zy 平面と重なる

14-5. 座標軸上に 3 点 $A(1,0,0), B(0,2,0), C(0,0,3)$ をとります. 次の問に答えなさい.

(1) 平面 ABC の方程式を書きなさい.
(2) 平面 ABC と, 方程式 $6x+3y+2z=6$ で与えられる平面 α との共通する点を答えなさい.
(3) 平面 α と平面 ABC との位置関係を答えなさい.

14-6. 次の平面と, 座標軸および座標平面との位置関係を答えなさい.

(a) $3x+2y-z=1$ (b) $3x+2y-z=0$
(c) $3x+2y=60$ (d) $x=2$
(e) $2y-z=0$

14-7. 平面 $3x+2y-z=0$ と平面 $6x+4y-2z=5$ は平行であることを証明しなさい.

14-8. (1) 平面 $3x+2y-z=0$ と平面 $2x-y+z=7$ は平行でないことを証明しなさい.

(2) これらの2つの平面に同時に含まれる任意の3点を選び,その座標を答えなさい.

(3)* それらの3点が一直線上にあることを確かめなさい.

☒

3. 3点を通る平面

空間における平面に関する問題には,平面上の直線に関する問題との類推で解けるものがあります.次の例題を考えましょう[6].

例題2. 点 $L(0,-1,2), M(2,1,6), N(1,0,4)$ を通る平面の方程式を書きなさい.

解. 平面の一般形の方程式
$$Ax+By+Cz=D$$

---

[6] 類推 (アナロジー) は,すでに始まっていました.空間における平面の方程式を書くとき,平面における直線の方程式を座標に関する1次方程式で書くこととの類推で,座標に関する1つの1次方程式で書きました.平面上の直線の方程式には2つの座標が含まれていますが,空間における平面の場合には3つ目の座標を追加するだけでよいのです.

を書き[7]，与えられた点の座標を（点 M, L, N の順に）代入すると，4つの未知数 A, B, C, D についての連立1次方程式

$$\begin{cases} A\cdot 2 + B\cdot 1 + C\cdot 6 = D \\ A\cdot 1 + B\cdot 0 + C\cdot 4 = D \\ A\cdot 0 + B\cdot (-1) + C\cdot 2 = D \end{cases}$$

が得られます．各式を整理すると

$$\begin{cases} 2A + B + 6C = D \\ A + 4C = D \\ -B + 2C = D \end{cases}$$

となり，後はこの連立方程式のどれかの解を求め，それに対応する平面の方程式を書きます．

注意． この解き方は，§9 の例題 3（96 ページ）の解法と同じ部分と違う部分があることがわかったでしょう．

練習問題

14-9. 上記の例題 2 の解答を完成させなさい． ☒

14-10. 3点を通る平面を作図するとき，与えられた点の座標の値によって，(a) 平面が1つだけ得られる場合，(b) 平面が2つ得られる場合，はあり得ますか．また，(c) これらのほかに可能性はありますか．

---

[7] これに類似した，平面における直線についての問題の解（96ページ）と比べるとよいでしょう．

§15 空間における直線

1. 空間における,特別な位置の直線

空間において,直線がどのようにして与えられるかはすでに見ました.また,空間における直線は一般に2つの平面の交わりであることも述べました[8].たとえば,「平面 $3x-2z=1$ と平面 $x-2y+z=5$ が交わる直線を求めなさい」という問題を解くには,これら2つの方程式を連立方程式

$$\begin{cases} 3x-2z=1 \\ x-2y+z=5 \end{cases}$$

にまとめればよかったのです.

座標軸や座標平面に関して特別な位置にある直線の方程式は,簡単に求めることができます.

1. どれかの座標軸(たとえば y 軸)に平行な直線は,対応する座標(この例では y)を含まない連立方程式で与えられます(図 15.1).

2. どれかの座標平面(たとえば xz 平面)に平行な直線は,その平面上にある直線の方程式(たとえば $3x+2z-6=0$)と,その座標平面に平行な平面の方程式(たとえば $y=5$)とを組み合わせることで与えられます(図 15.2).

---

[8] 例外としては,たとえば座標軸 z は方程式 $x^2+y^2=0$ でも与えられます.

図 15.1　　　　　　　図 15.2

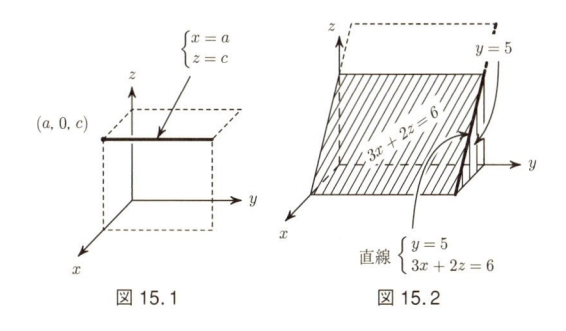

特別な場合としてさらにもう1つ,座標原点を通る直線を考えましょう.まず例題から始めます.

例題1. 単位立方体の対角線 BD_1 の方程式[9]を求めなさい(図 15.3).

解. **第一の方法.** 直線 BD_1 の xy 平面への正射影が直線 BD です[10].この平面上では直線 BD は式 $x=y$

---

9) より正確には「方程式」ではなく「連立方程式」が求められていることに注意してください.ここで行うべきことは,「複数個の数」を「方程式」で与えることです.ところで,空間での直線は1個の方程式ではなく2個の方程式——より正確には2つの方程式からなる系(連立方程式)——で与えられます(「連立方程式」を単に「方程式」とも言うことがあります).

10) [訳注] 点の正射影については,第2章§5で述べました(57ページ).一般に,ある図形のすべての点からある平面(あるいは直線)に下ろした垂線の足の全体を,この図形の平面(あるいは直線)への**正射影**と言います.こうして,ここでは「線分 BD は線分 BD_1 を xy 平面に垂直に移動してできる線分」とも言えます.

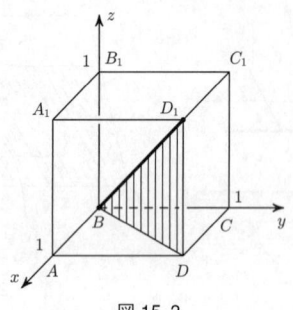

図 15.3

で表されますが，空間ではこの方程式は，BD_1 の xy 平面への正射影 BD を与える平面 BB_1D_1D の方程式です[11]．同様に，BD_1 の yz 平面への正射影を与える方程式は $y=z$ となります．

直線 BD_1 そのものは平面 $x=y$ と $y=z$ との交わりです．したがって，その点の座標はこれら2つのいずれの方程式をも満たすことから，これらの方程式を連立させればよいのです．

答． 直線 BD_1 は，連立方程式

$$\begin{cases} x=y \\ y=z \end{cases}$$

で与えられます[12]．

---

11) ［訳注］「平面 BB_1D_1D に沿って，線分 B_1D_1 の点を移動させると線分 BD が得られる」とも言えます．
12) ［訳注］線分 BD_1 を与えるためには，不等式 $0 \leq x \leq 1$，

第二の方法. 直線 BD_1 は3つのどの座標軸に関しても対称です[13]. つまり, この直線のどの点をとっても, x,y,z 座標はすべて互いに等しいのだから, $x=y=z$ であることになります.

答. 直線 BD_1 は方程式 $x=y=z$ で与えられます[14].

次の練習問題を各自で解いてみてください.

練習問題

15-1. 三辺の長さが 1, 2, 3 である直方体の対角線の方程式を書きなさい. ⊠

15-2. (1) 座標原点と点 $(2,-3,4)$ を通る直線の方程式を書きなさい.

(2) 座標原点と点 (a,b,c) を通る直線の方程式は

$$\frac{x}{a} = \frac{y}{b} = \frac{z}{c}$$

と書けることを証明しなさい.

2. 2点を通る直線

直線の位置は, 一般的には2つの点によって決まります. 空間において与えられた2点を通る直線の方程

$0 \leqq y \leqq 1, 0 \leqq z \leqq 1$ (の1つ) を追加すればよい.

13) つまり, 座標軸となす角度がすべて等しいということです.

14) 得られた答 $x=y=z$ は, $\begin{cases} x=y \\ y=z \end{cases}$ を単純にしたものです.

これは, 不等式 $a<x<b$ が連立不等式 $\begin{cases} x>a \\ x<b \end{cases}$ を単純化した書き方であるのと同じです.

式の求め方を，例題で考えましょう．

例題2. 2点 $A(3,5,1), B(-2,1,3)$ を通る直線の方程式を書きなさい．

解． これらの点を通る，少なくとも2つの平面を求めなければなりません．それらの平面が求める直線を決めることになります．

最初に，求めようとしている直線の，どれかの座標平面（たとえば xy 平面）への正射影の方程式を書きます．そのためには，2点 A, B の xy 平面への正射影 $A_{xy}(3,5,0), B_{xy}(-2,1,0)$ をとり，xy 平面上の直線 $A_{xy}B_{xy}$ の方程式

$$\frac{x-3}{-2-3} = \frac{y-5}{1-5} \quad \therefore \quad \frac{x-3}{5} = \frac{y-5}{4} \qquad (15.1)$$

を書きます．

ここで，これら点の座標を $(\,,\,,0)$ の形に書く代わりに，xy 平面の点に共通の条件 $z=0$ を書いて，「括弧のなかの0を外に出す」ことにします．

条件 $z=0$ がなかったら，この方程式は点 A, B を通り——したがって直線 AB を通り——，座標軸 z に平行な平面の方程式であることになります．

同様にして，直線 AB を yz 平面に正射影する平面の方程式を求めます．2点 A, B の yz 平面への正射影は，$A_{yz}(0,5,1), B_{yz}(0,1,3)$ です．直線 $A_{yz}B_{yz}$，つまり直線 AB の yz 平面への正射影——これは yz 平面に垂直な，直線 AB を通る平面になります——の（空間にお

ける）方程式は次のように書けます．

$$\frac{y-5}{1-5} = \frac{z-1}{3-1} \quad \therefore \quad \frac{y-5}{-4} = \frac{z-1}{2} \qquad (15.2)$$

方程式 (15.1) と (15.2) を連立させると直線 AB が得られます．その方程式は次のように書けます．

$$\frac{x-3}{5} = \frac{y-5}{4} = \frac{z-1}{-2}$$

この考え方を点 $A(x_1, y_1, z_1), B(x_2, y_2, z_2)$ に同じように適用すれば，2 点を通る直線の方程式の一般形として

$$\frac{x-x_1}{x_2-x_1} = \frac{y-y_1}{y_2-y_1} = \frac{z-z_1}{z_2-z_1} \qquad (15.3)$$

が得られます[15]（巻末注 12）．

練習問題

15-3. 3 点 $A(1,-2,5), B(5,3,-2), C(-1,4,2)$ は一直線上にはありません．三角形 ABC のすべての辺の方程式と，頂点 B から出る辺の中線[16]の方程式を書きなさい．

15-4. (1) 3 点 $M(1,-2,5), N(3,0,1), P(-3,-6,13)$ は一直線上にあることを確かめなさい．

---

[15] 式を見ればわかるように，この連立方程式は平面上の 2 点を通る直線の方程式

$$\frac{x-x_1}{x_2-x_1} = \frac{y-y_1}{y_2-y_1}$$

を「拡張」したものです．

[16] ［訳注］三角形の頂点と，その対辺の中点とを結ぶ線分を，三角形の**中線**と言います．

(2) 3点 $A(x_1, y_1, z_1), B(x_2, y_2, z_2), C(x_3, y_3, z_3)$ が一直線上にあるための条件を求めなさい.

3. 直線の正規形の方程式

方程式 (15.3) をもう一度見てください. 分母は $x_2-x_1, y_2-y_1, z_2-z_1$ ですが,ここで別の記号を用いて,

$$x_2 - x_1 = l, \quad y_2 - y_1 = m, \quad z_2 - z_1 = n$$

と表すことにすると,連立方程式 (15.3) は

$$\frac{x-x_1}{l} = \frac{y-y_1}{m} = \frac{z-z_1}{n} \qquad (15.4)$$

と書くことができます. この形の方程式を**正規形の方程式**と言います[17]).

正規形の方程式を用いると便利な場合があります. 例を挙げましょう.

例題 3. 直線

$$\frac{x-3}{5} = \frac{y+5}{-4} = \frac{z-1}{2}$$

と平面 $3x+2y-z-8=0$ との交点 M を求めなさい.

解. もちろん解き方はすでに明らかで,3つの未知数をもつ,3つの式からなる連立方程式を解けばよいのです. ところで,実際に連立方程式を解くには正規形の方程式を使うと簡単になります.

次のように進めます. まず連立方程式の比の等式すべ

---

17) [訳注] 日本語ではなじみのない呼び方です.

てをあるパラメータ t で表します．
$$\frac{x-3}{5} = \frac{y+5}{-4} = \frac{z-1}{2} = t$$

これで何が「簡単に」なったというのでしょうか．3つの変数がある上に，さらに変数を持ち込むとは！ところが，こうすることで直線上の点の x, y, z 座標のすべてを1つの変数 t で表すことができるようになりました．実際，方程式
$$\frac{x-3}{5} = t, \quad \frac{y+5}{-4} = t, \quad \frac{z-1}{2} = t$$
から
$$x = 5t+3, \quad y = -4t-5, \quad z = 2t+1$$
が得られます（巻末注13）．

これらの式を平面の方程式 $3x+2y-z-8=0$ に代入すると
$$15t+9-8t-10-2t-1 = 8$$
すなわち
$$5t-2 = 8$$
となり，$t=2$ が得られます．これで求める点 M の座標は簡単に計算できて，
$$x_M = 5t+3 = 13, \quad y_M = -4t-5 = -13,$$
$$z_M = 2t+1 = 5$$
となります．

答．直線

$$\frac{x-3}{5} = \frac{y+5}{-4} = \frac{z-1}{2}$$

と平面 $3x+2y-z-8=0$ の交点は $M(13, -13, 5)$.

ここで，ある直線 AB が任意の形式，たとえば

$$\begin{cases} x-3y-z = 7 \\ 5x-y-3z = 7 \end{cases}$$

のように書かれているとき，この形式で与えられる直線を方程式 (15.4) のような正規形で表すにはどうすればよいでしょうか．

連立方程式 (15.4) は，直線を座標平面に正射影する平面の方程式です．このような平面はいずれも，どれかの座標平面（たとえば xy 平面）に垂直か，同じことですがどれかの座標軸（いまの場合には z 軸）に平行です[18]．したがって，正射影する平面の方程式は対応する座標を含みません．つまり，方程式を正規形に直すには，平面の方程式から座標をひとつずつ消去しなければなりません．まず，次のように「第1式×3＋第2式×(−1)」を計算して z を消去します．

$$\begin{array}{r|r} x-3y-z = 7 & 3 \\ 5x-y-3z = 7 & -1 \\ \hline -2x-8y = 14 & \end{array}$$

---

18) ［訳注］157 ページの訳注 10 を参照.

§15 空間における直線

こうして，z を消去した方程式は $x+4y=-7$ となり，ここから y を用いた式で x を表せば次のようになります．

$$x = -4y - 7 \tag{15.5}$$

次に y を消去すると $7x-4z=7$ となります（下の計算を参照）．

$$\begin{array}{r|r} x-3y-z = 7 & 1 \\ 5x-y-3z = 7 & -3 \\ \hline -14x+8z = -14 & \end{array}$$

ここで，z を用いた式で x を表して次を得ます．

$$x = \frac{4z+7}{7} \tag{15.6}$$

方程式 (15.5) と (15.6) とを連立させると

$$x = -4y - 7 = \frac{4z+7}{7}$$

となり，ここから次を得ます．

$$x = \frac{y+\dfrac{7}{4}}{-\dfrac{1}{4}} = \frac{z+\dfrac{7}{4}}{\dfrac{7}{4}}$$

これで，(15.4) と同じ形の連立方程式が得られました．たとえば点 $\left(0, -\dfrac{7}{4}, -\dfrac{7}{4}\right)$ が2つの平面上にあることは，164 ページの連立方程式にこの値を代入することで確認できます．

4. 空間における平面束

空間中に直線を与えるためには,2つの平面をいろいろと選んでみればわかります.たとえば,すぐ前の例では4つの平面 $x-3y-z=7, 5x-y-3z=7, x+4y=-7, -7x+4z=-7$ はどれも直線 AB を通ります.この直線を定めるには,これら4つの平面のうちのどれか2つを連立方程式にまとめさえすればよいことは明らかでしょう.当然,直線 AB を通る平面はこれら以外にも無数にあります.

直線 AB を通る平面すべての集合を与える方程式を得るにはどうすればよいでしょうか(この問題は §9 の例題5で行ったように,平面上の一点を通る任意の直線の方程式を得ることに似ています).

例題4. 連立方程式

$$\begin{cases} x-3y-z-7=0 \\ 5x-y-3z-7=0 \end{cases} \tag{15.7}$$

で与えられる直線 AB を通る平面の方程式を求めなさい.

解. この直線の座標平面(たとえば xy 平面)への正射影を得るため,各方程式に何らかの数を掛け,その結果を加え合わせることによってどれか1つの変数を消去します.そうすると,同じ直線 AB を通る平面が得られます.

この操作を一般的な形で行うことにします.まず,最

初の式に数 k を，次の式に数 l を掛けて辺々を加えます．

$$k(x-3y-z-7)+l(5x-y-3z-7)=0 \quad (15.8)$$

この式を書き換えると，

$$(k+5l)x-(3k+l)y-(k+3l)z-7k-7l=0 \quad (15.9)$$

となり，これが平面の方程式であることがはっきりします[19]．

方程式 (15.9) で表される平面が必ず直線 AB を通ることを証明するために，方程式 (15.7) に戻ります．

ある点 $M(x_M, y_M, z_M)$ が直線 AB 上にあるとすると，この点の座標は連立方程式 (15.7) の各方程式を満たすことから，次の方程式が成立します．

$$x_M - 3y_M - z_M - 7 = 0$$
$$5x_M - y_M - 3z_M - 7 = 0$$

ここで座標 $M(x_M, y_M, z_M)$ を方程式 (15.8) に代入すると，左辺の2つの括弧の中はどちらも0になるため，加え合わせても0となります．このことは，直線 AB 上のどの点も，k と l を具体的な値とした，(15.8) の形の方程式で与えられる任意の平面上の点であることを意味します．

こうして

$$k(x-3y-z-7)+l(5x-y-3z-7)=0$$

の形の方程式が，連立方程式

---

[19] もちろん k と l は同時に0にはならないものとします．

$$\begin{cases} x-3y-z-7=0 \\ 5x-y-3z-7=0 \end{cases}$$

で与えられる直線を通る，無限に多くの平面を与えます．

ある直線を通るすべての平面の集合を**平面束**と言い，平面束のすべての平面が通る直線を**平面束の軸**と言います．

練習問題

15-5. 連立方程式 $3x-2y+2z=2, 2x-y+z=1$ によって表される直線の，次の平面への正射影をそれぞれ求めなさい．
 (a) xy 平面
 (b) yz 平面
 (c) zx 平面 ☒

15-6. 連立方程式

$$\begin{cases} x+2y-z+1=0 \\ 3x-y-z-4=0 \end{cases}$$

で与えられる直線と次の点とを通る平面の方程式をそれぞれ書きなさい．
 (a) $A(3,-5,4)$
 (b) $B(1,-5,4)$
 (c) $C(1,-1,0)$ ☒

15-7. 次の3点を通る平面の方程式を書きなさい．
 (a) $A(1,2,3), B(-2,4,-1), C(2,-4,5)$
 (b) $M(-1,2,-3), N(2,1,-4), P(1,-2,3)$

(c) $Q(3,2,1)$, $R(2,-5,-1)$, $S(5,9,5)$ ☒

§16* 直線と平面の相対的位置

1. 互いに平行な2平面

空間では，平面の相対的な位置関係には3つの場合があります．(1) 2つの平面が共通点をもたない場合（このとき，2つの平面は**平行**であると言います），(2) 共通点をもち，直線で交わる場合，(3) 平面同士が重なる「極端な」場合，の3つです．

第一の場合と第三の場合には方程式はどうなるでしょうか．

2つの平面 $Ax + By + Cz = D$ と $A_1 x + B_1 y + C_1 z = D_1$ が重なるのであれば，一方の平面の点はすべて，他方の平面の点でもあって，一方の方程式の解は他方の方程式の解でもあります．つまり，これらの方程式は**同値**であって，一方の方程式は他方の方程式にある数 k を乗じて，係数間の関係式を

$A_1 = k \cdot A$, $\quad B_1 = k \cdot B$, $\quad C_1 = k \cdot C$, $\quad D_1 = k \cdot D$

と表すことができます．

以上から次のことがわかります．

互いに重なる平面では，一方の方程式の4つのすべての係数が，他方の方程式の対応する係数に比例します．

$$\frac{A}{A_1} = \frac{B}{B_1} = \frac{C}{C_1} = \frac{D}{D_1}$$

2つの平面 $Ax + By + Cz = D$ と $A_1 x + B_1 y + C_1 z = D_1$ が平行であれば，連立方程式

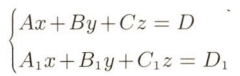

$$\begin{cases} Ax + By + Cz = D \\ A_1 x + B_1 y + C_1 z = D_1 \end{cases}$$

は成り立たず，最初の方程式のどの解も2番目の方程式の解となりません（巻末注14）.

このとき，一方の方程式の係数は他方の方程式の対応する係数に比例しますが，定数項は比例しません．

$$\frac{A}{A_1} = \frac{B}{B_1} = \frac{C}{C_1} \neq \frac{D}{D_1}$$

平面が直線で交わる場合には，連立方程式の解はどうなるでしょうか．

この場合，連立方程式は無限に多くの解をもちます．しかし同値の場合とは違って，1つの方程式の解のどれもが他方の方程式の解になるとは限りません．3つの変数のうちどれか1つだけを，たとえば y を選び，その値を与えることによって得られる，2つの未知数についての2つの方程式からなる連立方程式を解いて，直線上の点が確定します．こうして，2つの平面の交線上の点の位置は，1つの座標だけによって決められることになります[20]．

練習問題

16-1. 点 $(3,4,5)$ を通り，次の平面に平行な平面の方程式を書きなさい．

 (a) $2x-4y+z=1$ 　　(b) $3x+y-2z=3$ ⊠

16-2. 3点 $A(2,0,0), B(0,-1,0), C(0,0,3)$ を通る平面の方程式を書き，この平面と次のそれぞれの平面との位置関係を明らかにしなさい．

---

[20] このことは，直線が1次元の点集合であることと関係しています．巻末注13参照．

(a) $x - 6y + 2z = 3$ (b) $3x - 6y + 2z = 6$

(c) $1.5x - 3y + z = 3$ (d) $\dfrac{x}{4} + \dfrac{y}{-2} + \dfrac{z}{6} = 1$

(e) $\dfrac{x}{-6} + \dfrac{y}{3} + \dfrac{z}{-9} = 1$ (f) $\dfrac{x}{2} + \dfrac{y}{-1} + \dfrac{z}{-3} = 1$

16-3. 式 $5x - y - 3z = 2$ によって与えられる平面を α とします．次の平面の方程式を書きなさい．

(a) 平面 α に平行な平面
(b) 平面 α に交わる平面
(c) 平面 α と重なる平面

2つの未知数についての，2つの1次方程式からなる連立方程式が，何個の解をもつかという問に答えるのに，幾何学的な考察が大変役に立ったことを知っています．ここで，図的なイメージを生かして次の問題を解きなさい．

16-4. (1) 3つの未知数についての，3つの1次方程式からなる連立方程式の解は何個ありますか．

(2) この連立方程式の3つの方程式で与えられる，3つの平面の位置関係を調べなさい．

(3) (2) のそれぞれの場合について，具体例を挙げなさい．

16-5. 3つの方程式から2つを選ぶ組み合わせは3通りあり，各組に応じて3つの連立方程式が作れます．問題 **16-4** の (2) で求めたそれぞれの場合について，連立方程式の解の個数を調べなさい．

2. 互いに平行な直線
正規形の方程式 (15.4)

$$\frac{x-x_1}{l} = \frac{y-y_1}{m} = \frac{z-z_1}{n}$$

で，ある直線が与えられているとします．係数 l, m, n は直線ごとにある定まった値をとります[21]．

このことの意味を理解するために，平面上の直線に関する問題（§9 の例題 5，100 ページ）と似た問題を考えます．

例題 1. 点 $(2, 5, -1)$ を通る直線の方程式を書きなさい．

解． 上述の方程式（15.4）を使うと，次の方程式が得られます．

$$\frac{x-2}{l} = \frac{y-5}{m} = \frac{z+1}{n}$$

これは確定した 1 つの直線ではなく，無限に多くの直線を表します．パラメータ l, m, n がどんな値であっても，上の方程式で表される直線は点 $(2, 5, -1)$ を通ります[22]．

この集合に含まれる直線が各座標軸となす角度は 1 つに定まってはいません．このことは，まさにパラメータ l, m, n によって直線の方向が定まることを意味します．

2 直線が互いに平行な場合，一方の直線の方程式（正規形）における 3 つのパラメータ l, m, n と，他方の方程式のパラメータ l_1, m_1, n_1 が等しい（あるいは比例する）と仮定するのは自然なことであり，事実その通りです（巻末注 15）．

---

21) より正確には，係数の値そのものではなくそれらの比が定まっています．たとえば，同一の直線であっても係数の値が $2, 1, \frac{1}{2}$ であることも，$4, 2, 1$ であることもあります．

22) もちろん $l = m = n = 0$ の場合は除外します．$m = n = 0$，$l \neq 0$ の場合はあり得るかどうか，考えてみてください．

練習問題

16-6. 点 $A(1, -1, -6)$ を通り，次の直線に平行な直線の方程式をそれぞれ書きなさい．

(a) $\dfrac{x-2}{3} = \dfrac{y-5}{-3} = \dfrac{z+1}{5}$

(b) $\dfrac{x-2}{1} = \dfrac{y-5}{6} = \dfrac{z+1}{5}$

(c) $\begin{cases} x - y + z = 0 \\ 2x - y - 1 = 0 \end{cases}$

(d) $\begin{cases} x - 3y - z - 7 = 0 \\ 5x - y - 3z - 7 = 0 \end{cases}$ ⊠

16-7. (1) 次の文の空白を埋めなさい．

「2本の直線の正規形の方程式で，一方の直線のパラメータ l, m, n の値と，他方の直線の対応するパラメータの値が互いに等しい（あるいは比例する）ならば，これらの直線は平行であるか，あるいは ☐ 」．

(2) 空間における2直線が共通点をもたないことだけから，これらの直線が平行であると結論できますか．

16-8. 次の連立方程式で与えられる直線は平行であることを証明しなさい．

(a) $\dfrac{x-5}{1} = \dfrac{y-3}{-3} = \dfrac{z+4}{3}$ と $\dfrac{x-2}{1} = \dfrac{y-5}{-3} = \dfrac{z+1}{3}$

(b) $\begin{cases} x - y + 3z = 0 \\ 2x - 4y - 6z = 3 \end{cases}$ と $\begin{cases} 2x - 2y + 6z - 7 = 0 \\ x - 2y - 3z = 3 \end{cases}$ ⊠

(c) $\begin{cases} 3x - y + 5z = 0 \\ x + 2y - z = 3 \end{cases}$ と $\begin{cases} 4x + y + 4z - 7 = 0 \\ 2x - 3y + 6z = 3 \end{cases}$

16-9. 以下の連立方程式 I〜VI が直線を与えるかどうか調べなさい．また，直線を与える連立方程式のうち，次の (a)〜(d) の関係にあるもの同士を I〜VI の番号で答えなさい．

(a) 平行である
(b) 直交する
(c) 交わる
(d) 重なる

I. $\begin{cases} 2x - 2y + 6z - 7 = 0 \\ 2x - y - 3z = 3 \end{cases}$

II. $\begin{cases} 2x - 2y + 6z - 7 = 0 \\ x - 2y - 3z = 3 \end{cases}$

III. $\dfrac{x-1}{1} = \dfrac{y+1}{-3} = \dfrac{z+6}{3}$

IV. $\dfrac{x-5}{1} = \dfrac{y-3}{-3} = \dfrac{z+4}{3}$

V. $\begin{cases} x - 2y + 3z + 1 = 0 \\ 2x - 4y + 6z + 1 = 0 \end{cases}$

VI. $\begin{cases} x - 2y + 4z + 1 = 0 \\ 2x - 4y - 6z + 2 = 3 \end{cases}$

3. 互いに平行な直線と平面

一般形の方程式 $Ax + By + Cz = D$ で与えられた平面 α

と，正規形の方程式
$$\frac{x-x_1}{l} = \frac{y-y_1}{m} = \frac{z-z_1}{n}$$
で与えられた直線 a があるとします．

これらの平面と直線が平行になるのはどのような条件を満たすときでしょうか．答えるには次のように考えればよい．平面と直線がどちらも原点を通るように平行移動します．そうすると平面の方程式の定数項は 0（つまり $D=0$）になり，直線の方程式は，$x_1=y_1=z_1=0$ となることから
$$\frac{x}{l} = \frac{y}{m} = \frac{z}{n}$$
の形になります．

$x=l, y=m, z=n$ は直線の新しい方程式を満たすことから（代入して確認を！），座標が (l,m,n) である点がこの直線上にあることになります（図 16.1a）．

はじめに与えられた直線が平面に平行であれば，新しい直線
$$\frac{x}{l} = \frac{y}{m} = \frac{z}{n}$$
は平面 $Ax+By+Cz=0$ 内にあります（図 16.1 b）．

ここで，直線 a が平面 α に平行であるためには，点 (l,m,n) が平面 $Ax+By+Cz=0$ 上になければなりません．つまり
$$Al+Bm+Cn = 0$$
が成り立たなければなりません．

4. 互いに垂直な 2 直線

正規形の方程式で与えられた 2 本の直線が原点で交わるよう，平行移動を行います（図 16.2）．このとき，方程式は

(a)

$$\frac{x}{l} = \frac{y}{m} = \frac{z}{n}$$

(l, m, n)

(b)

(l, m, n)

$O(0, 0, 0)$

$Al + Bm + Cn = 0$

$O(0, 0, 0)$

平面
$Ax + By + Cz = 0$

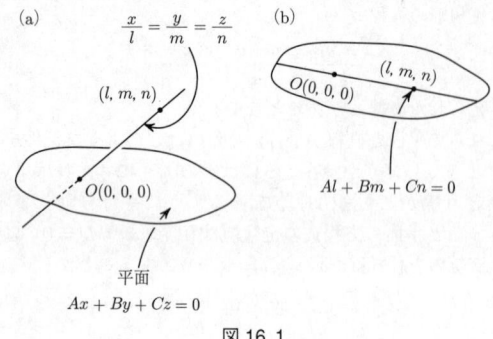

図 16.1

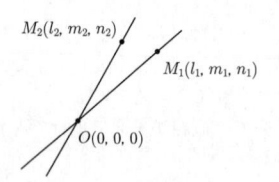

$M_2(l_2, m_2, n_2)$

$M_1(l_1, m_1, n_1)$

$O(0, 0, 0)$

図 16.2

$$\frac{x}{l_1} = \frac{y}{m_1} = \frac{z}{n_1} \quad \text{と} \quad \frac{x}{l_2} = \frac{y}{m_2} = \frac{z}{n_2}$$

の形になり，座標が $(l_1, m_1, n_1), (l_2, m_2, n_2)$ である点は，それぞれ前者と後者の直線上にあります．

三角形 M_1OM_2 が直角三角形であるための条件を書くと

$$M_1O^2 + M_2O^2 = M_1M_2^2$$

すなわち

$$(l_1^2 + m_1^2 + n_1^2) + (l_2^2 + m_2^2 + n_2^2) = \\ (l_1 - l_2)^2 + (m_1 - m_2)^2 + (n_1 - n_2)^2$$

となります．

この等式の，右辺の括弧を展開して現れる2次の項 $l_1^2, m_1^2, n_1^2, l_2^2, m_2^2, n_2^2$ は左辺と打ち消し合うので，結局，2直線が垂直であるための条件として
$$l_1l_2+m_1m_2+n_1n_2=0$$
が得られます（巻末注16参照）．

5. 平面に垂直な直線

方程式 $Ax+By+Cz=0$ で与えられた平面 α と，方程式
$$\frac{x}{l}=\frac{y}{m}=\frac{z}{n}$$
で与えられた直線 a とがあるとします（図 16.3）．

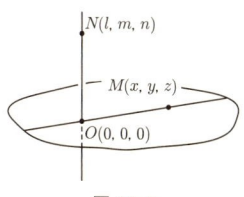

図 16.3

この直線が，この平面に対して垂直であるとします．そうすると，平面 α 上の任意の点を $M(x,y,z)$，直線 a 上の任意の点を $N(l,m,n)$ として，線分 OM は線分 ON と直交しなければなりません．

直交する——すなわち垂直である——ための条件は $OM^2+ON^2=MN^2$ が成り立つことです．この条件を点 M,N の座標（つまり x,y,z,l,m,n）で表し，前項 4 と同様の変形を行うと
$$lx+my+nz=0$$

が得られます.

この等式は平面 α 上のどの点についても成り立たなければなりません.すなわち,条件 $Ax+By+Cz=0$ が満たされれば,条件 $lx+my+nz=0$ も必ず満たされなければなりません.

逆に,ある線分 OM が直線 a に垂直であれば,点 M は平面 α 上の点でなければなりません.すなわち,条件 $lx+my+nz=0$ が満たされれば,条件 $Ax+By+Cz=0$ が満たされなければなりません.

言いかえれば,直線 a と平面 α が垂直であれば,条件 $lx+my+nz=0$ と $Ax+By+Cz=0$ とは同値です.ところでこのことは,これら2つの式の係数が比例すること,つまり

$$\frac{A}{l} = \frac{B}{m} = \frac{C}{n}$$

となることを意味します.

この条件は,直線が平面に対して垂直であるための条件でもあります.

6. 互いに垂直な2平面

2つの平面が垂直である場合については,各自で次の例題を解いてみてください.

例題 2. 2つの平面
$$A_1x+B_1y+C_1z=0, \quad A_2x+B_2y+C_2z=0$$
が垂直になるための条件を求めなさい.

ヒント. 2つの平面の一方が,他方の平面に垂直な直線(あるいはそれと平行な直線)を含むならば,これらの平面

は垂直です（図 16.4）[23]．

$\alpha \perp \beta$
$l \in \beta$
$l \perp \alpha$

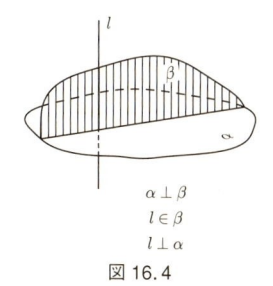

図 16.4

練習問題

16-10. この節で学んだことを各自でまとめなさい．それには以下の文章で ☐ の中のそれぞれの場合を考え，……に具体的なデータ（座標や方程式など）を入れて文章を完成させるとよいでしょう．

「点 …… を通り，|平面／直線| …… に |平行／垂直| な |平面／直線| の方程式を求めなさい．」

たとえば，

「点 $A(3, -2, 0)$ を通り，|平面| $3x - y + 2z = 0$ に |垂直| な |直線| の方程式を書きなさい．」

「点 $A(3, -2, 1)$ を通り，|平面| $6x + 3y - z = 0$ に |平行| な |平面| の方程式を書きなさい．」

などの文章を作りなさい．

16-11. 上の問題 **16-10** で各自が作った文章において，下

---

[23] ［訳注］図 16.4 の記号の意味を述べておきます．

$\alpha \perp \beta$：平面 α は平面 β に垂直．

$l \in \beta$：直線 l は平面 β 上にある（平面 β に含まれる）．

線部の係数の数値を文字に変えて,解の個数がどう変化するかを調べなさい.

第4章 4次元空間

これまで座標法についていろいろと学んできましたので，現代数学とさらに深い関連のある面白いテーマについてお話しできるようになりました．

§17 はじめに
1. 一般的ないくつかのこと

代数と幾何はまったく異なる学問であると，今のほとんどの学生は思っているようですが，実は，これらは非常に深く関わり合っています．実際，座標法を用いると，中学・高校で学ぶ幾何のすべてのことがらが，1つの図形も使わずに数と代数演算とで進められます．それで平面幾何の教科書は，「点とは，数のペア (x, y) のことである……」という文に始まり，円周とは $(x-a)^2+(y-b)^2=R^2$ を満たす点の集合であり，直線とは方程式 $Ax+By+C=0$ を満たす点の集合であるとも書いてあるのです．ほかの多くの図形も連立方程式や不等式で与えることができます．こうして，幾何のすべての定理をなんらかの代数的関係式に移し換えることができます．

代数のことがらを幾何のことがらに結びつけることは，数学に革命をもたらす出来事でした．これによって，それまで数学の個々の部分を隔てていた厚い壁，言わば「万里の長城」が取り除かれ，1つの学問としてまとめられることになったからです．座標法を考え出したのは，フランスの哲学者であり数学者でもあるルネ・デカルト（1596-1650）だとされています．座標法の考えと，それを幾何の問題を解くために応用することについては，1637年に出版された重要な哲学書の最後の部分で述べられています[1]．デカルトのこの考えを発展させた結果，今日「解析幾何」と呼ばれる，数学の新たな重要な分野が生まれることになりました．

この新しい分野，解析幾何の基本的な考えは，その名が示す通り幾何の問題を解析的（代数的）手法で解こうというものです．解析幾何はデカルト以降いちじるしく発展し，今では完結した分野となっていますが，その基礎にある考えからはさらに数学の新しい分野が生まれました．その1つが「代数幾何」であって，代数方程式で与えられる曲線と曲面の性質を研究するものです．この分野は今でも成長を続けていて，最近でも数学の他の分野に大きな影響を与えるような，新しく基本的な成果が得られています．

---

1) ［訳注］ルネ・デカルト（原亨吉訳）『幾何学』，ちくま学芸文庫（2013）を参照．

2. 幾何学は計算を助ける

幾何の問題を解くときに最初に行うことは座標法のある側面に関係しています．それは幾何のことがらを解析的に解釈すること，つまり幾何の図形を数の間の関係に置き換えることです．ところが，座標法にはもう１つの側面があります．それは数や数同士の関係を幾何学的に解釈することで，これも上に述べた第一の側面に劣らず重要な役割を果たします．たとえば，名高い数学者であるヘルマン・ミンコフスキー[2]は，方程式の整数解を求めるために幾何の方法を用いました．それまで非常に難しいとされていた整数論の問題がとても簡単に解けたので，当時の数学者たちを驚かせました．

代数の問題を解くにあたり，幾何がどれほど役に立つかがよくわかる例を考えましょう．

例題 1. n が正の整数である不等式
$$x^2 + y^2 \leqq n$$
において n が大きいとき，整数解の個数の近似式を求めなさい．

解． n の値が小さければ，この問題は簡単に解けます．たとえば $n=0$ なら解はただ１個で $x=0, y=0$. $n=1$ であれば，さらに４個の解 $x=0, y=1$；$x=1, y=0$；$x=0, y=-1$；$x=-1, y=0$ が追加されます．

---

[2] ［訳注］ヘルマン・ミンコフスキー（1864-1909）はロシア生まれの著名な数学者．ここで述べられている方法を「数の幾何学」と言います．

$n=2$ のときには上に挙げたすべての解のほかに，$x=1, y=1$；$x=-1, y=1$；$x=1, y=-1$；$x=-1, y=-1$ があります．こうして，$n=2$ の場合には全部で9個の解があります．このように続けた結果をまとめると次の表のようになります．

n の値	解の個数 N	比の値 N/n
0	1	—
1	5	5
2	9	4.5
3	9	3
4	13	3.25
5	21	4.2
10	37	3.7
20	69	3.45
50	161	3.22
100	317	3.17

解の個数 N は，n が大きくなるにつれて増えることはわかりますが，N の増える正確な規則を知るのは大変難しいことです．数字の並び具合を見ると，比の値 N/n は n の増大とともに，ある数に近づくと予測できます．

ここで幾何学的な見地から，比の値 N/n がおなじみの数，$\pi = 3.141592\cdots$ に実際に近づくことを示しまし

よう．

整数のペア (x, y) を平面上の点（横座標が x，縦座標が y）とみなします．不等式 $x^2 + y^2 \leq n$ は，座標原点を中心とする半径 $\sqrt{n}$ の円 K_n の中に点 (x, y) が含まれることを意味しています（図 17.1 参照．この図は $n = 31$ の場合です）．こうすると，上の不等式は円 K_n の内部または周上の，座標が整数である点と同じ個数だけの解をもつことになります．

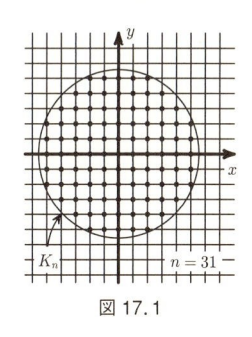

図 17.1

図を見て明らかなように，座標が整数である点は平面上に「一様にまんべんなく」散らばっていて，単位正方形（一辺の長さが1）と同じ個数だけあります．したがって，解の個数は円の面積 πn にほぼ等しいことになります．

答．整数解の個数について，近似式
$$N \fallingdotseq \pi n$$
が成り立ちます．

この式を手短かに証明しておきましょう．平面を，各座標軸に平行な直線で単位正方形に分割し，各正方形の頂点の座標が整数になるようにします．いま，そのような点（整数点と言います）が円 K_n の内部に N 個あると仮定して，これらの点のそれぞれに，各単位正方形の右上の頂点を対応させます．これらの正方形で作られる図形を A_n で表すと（図 17.2 の黒い部分），図形 A_n の面積は明らかに N（この図形に含まれる正方形の個数）に等しくなります．

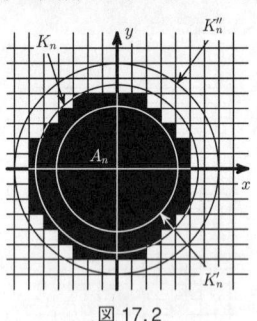

図 17.2

次に，この図形 A_n の面積を，円 K_n の面積と比較します．その際，座標原点を中心とする円をさらに 2 つ考えます．半径が $\sqrt{n}-\sqrt{2}$ の円 K'_n と，半径が $\sqrt{n}+\sqrt{2}$ の円 K''_n です．図形 A_n は円 K''_n の内部に含まれ，円 K'_n は A_n の内部に含まれます（このことを，「三角形の一辺の長さは他の二辺の長さの和よりも短い」という定理から読者自ら証明してください）．したがって，図形 A_n の面積（つまり N）は K'_n の面積よりも大きく，K''_n の面積よりも小さいことになります．すなわち
$$\pi(\sqrt{n}-\sqrt{2})^2 < N < \pi(\sqrt{n}+\sqrt{2})^2$$
が成り立つことになります．

この式から $N \fallingdotseq \pi n$ が得られ，その誤差は不等式
$$|N - \pi n| < 2\pi(\sqrt{2n} + 1)$$
で評価されます（巻末注17）．

この式では，n が大きくなるにしたがって誤差の絶対値（絶対誤差）$|N - \pi n|$ は大きくなります．しかし，相対誤差（絶対誤差を近似値で割ったもの）は
$$\frac{|N - \pi n|}{\pi n} < \frac{2\pi(\sqrt{2n} + 1)}{\pi n} = \frac{2\sqrt{2}}{\sqrt{n}} + \frac{2}{n}$$
であって，この値は n が大きくなるにつれて 0 に近づきます．

今度は，未知数が3個の場合の類似の問題，「不等式
$$x^2 + y^2 + z^2 \leqq n$$
の整数解の個数の近似式を求める問題」を解くことにします．

幾何学的に解釈すれば，この問題は即座に解けます．解の個数は半径が $\sqrt{n}$ の球の体積，すなわち $\frac{4}{3}\pi n\sqrt{n}$ にほぼ等しいということになります．この結果を純粋に代数的な方法で得ようとすると，それは難しいことになるでしょう．

3. 4次元空間を考えなければならないわけ

ところで，4個の未知数についての不等式
$$x^2 + y^2 + z^2 + t^2 \leqq n$$
の整数解の個数を求めるとしたら，どうすればよいでしょうか．未知数が2個や3個であれば，この種の問題では幾何学的な解釈をすればよかったのでした．つま

り，未知数が 2 個の場合には数のペア (x, y) を平面上の点と見なし，未知数が 3 個の場合には 3 つの数の組 (x, y, z) を空間の点と見なせばよかったのでした．

この考え方にしたがって類推してみましょう．

そのためには 4 つの数の組 (x, y, z, t) を，4 つの次元をもつ空間（**4 次元空間**）の点と見なします．すると不等式 $x^2 + y^2 + z^2 + t^2 \leq n$ は「座標原点を中心とする半径 $\sqrt{n}$ の 4 次元球の球面か内部に点 (x, y, z, t) がある」という意味になります．そこで 4 次元空間を 4 次元の立方体に分割し，4 次元球の体積を計算することになります[3]．つまり，4 次元空間の幾何学を展開しなければならないのです．

この本では，4 次元の幾何学を完全に展開することはしません．ここでできることは，4 次元空間の「扉をちょっと開く」程度のことで，最も簡単な図形として 4 次元の単位立方体を後で考えるだけにとどめます．

読者のみなさんは次のような疑問を持たれることでしょう．想像上のこの 4 次元空間について，どの程度まじめな議論ができるのか？ この 4 次元空間の幾何学を通常の幾何学との類推で築けるのか？ 3 次元空間の幾

---

[3] この本では，4 次元球の体積を計算するための式を導くことはせずに，式だけを書いておきます．4 次元球の体積は $\dfrac{\pi^2 R^4}{2}$ です．比較のためにさらに書いておくと，5 次元，6 次元，7 次元の球の体積は順に $\dfrac{8\pi^2 R^5}{15}, \dfrac{\pi^3 R^6}{6}, \dfrac{16\pi^3 R^7}{105}$ です．

何学と4次元空間の幾何学は，何が似ていて何が違うのか？ ——これらの疑問に取り組んだ数学者は次のように答えています．

答はイエス．4次元空間を普通の幾何学に良く似たものとして作ることができます．そのうえ，この幾何学は立体幾何学（3次元空間における幾何学）に類似のものを含み，さらにその特別な場合として平面幾何も含みます．もちろん，4次元空間の幾何学には通常の幾何学とはまったく違う点もありますが，それらの違いは，立体幾何学と平面幾何学との違いに大変よく似ています．次にそのことを説明します．

4. 4次元空間の特殊性

平面上に円を1つ描いてみてください．そして，仮想の2次元世界があって，あなたはこの世界の生き物（1つの点）であると想像してください．あなたはこの円の内部と周上を動くことができますが，その外部へ出ることはできません（外の世界があることも知らないし，想像することさえもできません）．つまり，円のへり（円周）が障害物となってすべての方向で道をふさいでいるため，円周を越えて，円から出ることができません（図17.3）．

次に，この円が描かれている平面が3次元空間の中にあって，3次元空間が存在することにあなたが気づいていたとします．このときには，円の境界を越えるのは

図 17.3

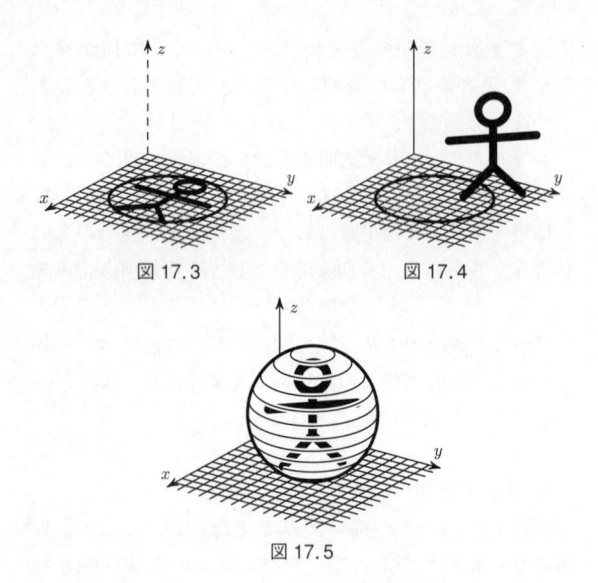

図 17.4

図 17.5

たやすいことです．たとえば，またげばいいだけです（図 17.4）．

ここで，あなたは 3 次元世界の住人だとします．あなたは，通り抜けることができない球面に囲まれていて，この球体の外へ出ることができません（図 17.5）．でも，もしこの球が 4 次元空間の中にあり，しかもあなたが 4 次元空間の存在に気づいていれば，いとも簡単にこの球の外に出ることができます．

これはミステリーでも何でもありません．球面は 3 次元空間を 2 つの部分（球の内と外）に分けるけれど

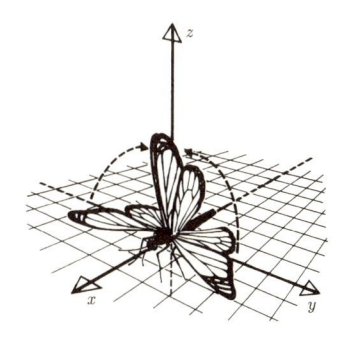

も，4次元空間を2つの部分に分けることはできないという話に過ぎません．

このことは，円周は（その円周が乗っている）平面を2つの部分に分けるけれども，3次元空間を2つの部分に分けることはできないということと似た話です．

例をもう1つ挙げましょう．平面上の直線に関して対称な形（左右対称）をした2つの図形を，その平面から取り出すことなく移動させるだけでは，重ね合わせることはできません．ところが，舞っている蝶は水平な平面から垂直に出る（水平だった羽根を垂直に立てて重ねる）ことができます（上の絵を見てください）．同じように，左右対称の2つの立体図形は，3次元空間の中では完全に重ね合わせることができません．左手の手袋を右手の手袋に完全に重ね合わせることは——2つは幾何学的には同じ図形でありながら——できません．しかし先ほど見たように，平面上の左右対称な図形を，3次

元空間内で動かして重ね合わせることができたのと同様，左右対称な3次元の図形は，4次元空間内で動かせば重ね合わせることができます．

5. 物理学とのかかわり

4次元の幾何学は現代物理学にとって非常に便利な道具で，今や欠かすことができません．高次元幾何学というこの道具がなかったら，アインシュタインの相対性理論[4]のような，今日の物理学で重要な位置を占める分野を記述し，さらにそれを活用することは非常に困難であったことでしょう．

ミンコフスキーは，数学者なら誰もが憧れる人物です．彼が幾何学を整数論の分野に見事に生かし，その後も難しい数学の問題に対して，視覚的な幾何学的考えに基づく明快な形を与えたことは先ほど述べました（183ページ）．これも相対性理論に関連しています．相対性理論の基礎となる考えは，空間と時間とは切っても切れない関係にあるということです．つまり，何らかの出来事を座標で考え，その出来事が起こった時刻を，空間の位置を示す3つの座標に続けて4番目の座標とするのです．これは自然な考え方です．

---

[4] ［訳注］相対性理論については，次の本があります．唐木田健一『原論文で学ぶ アインシュタインの相対性理論』，ちくま学芸文庫（2012）．アインシュタインは1905年に特殊相対性理論を発表し，続いて1915～16年に一般相対性理論を発表しました．

こうして得られる4次元空間は**ミンコフスキー空間**と呼ばれていて，今では相対性理論のどの教科書も，この空間のことから説き起こしています．ミンコフスキーが気づいたことは，相対性理論の基礎となっている「ローレンツの式」[5]が，4次元空間の座標の言葉を用いると非常に単純な形に書けるということでした．

このように相対性理論の発明の前に，多くの問題を非常に簡単に解くことのできる便利で美しい高次元幾何学が用意されていたことは，現代物理学にとって非常に幸運なことでした．

§18 4次元空間の幾何学

本章の冒頭で予告しておいた「4次元空間の幾何学」について，いくつかの事柄をここで述べることにします．

1. はじめに

直線上の幾何学，平面上の幾何学，そして3次元空間の幾何を作るには，2つの方法がありました．その1つは対象を図形に描くことです（この方法は中学・高校

---

[5] ［訳注］「ローレンツの式」とは2つの動いている座標系の間に成り立つ関係式のことで，光の速度が考慮されています．1904年にオランダの理論物理学者H.A.ローレンツ（1853-1928）が発見し，アインシュタインは後にこれとは別に関係式を導きました．

で普通に使われていて，図形のない教科書など想像もできません)．もう1つは，この本で学ぶ座標法があればこそできる方法であって，平面幾何の教科書では，たとえば2つの数のペア（座標）で「平面の点」を，3つの数の組で「空間の点」を表すという具合に，純粋に解析的に（数と式で）表すことです．

　4次元空間の場合，はじめの方法をとることは不可能で，図に描くことはできません．私たちのいる空間には全部で3つの次元しかないからです．しかし，2番目の方法は可能です．事実，直線上の点を1つの数と定義し，平面上の点を2つの数のペアであると定義し，さらに，3次元空間の点を3つの数の組と定義して，点を数だけで（いわゆる「解析的」に）表せます．

　こうして，仮想上のこの空間の点を「4つの数の組」と定義することで4次元空間の幾何学を創ろうとするのは，とても自然な考え方です．この空間の幾何学的な図形を（ほかの次元の幾何学と同様)，何らかの点の集合と見なせばよいのです．それでは，正確な定義にとりかかりましょう．

2. 座標軸と座標平面

P｜　**定義**．4次元空間の点とは，順序づけられた[6]4つの

---

[6] 「順序づけられた」というのは，4つの数の組としては同じであっても，数の並び方が違えば，4次元での違う点を表すという意味です．[訳注：第2章第5節（58ページ）の「順序対」の

数の組 (x, y, z, t) を言います.

4次元空間における座標軸とは何であり，そして何本あるでしょうか．この問に答えるために，平面と3次元空間の場合をちょっと振り返ってみましょう．

平面（つまり2次元空間）では，一方の座標はどんな数値であってもよく，もう一方の座標が0であるような点の集合が軸となります．たとえば x がどんな値でもとり得る任意の数だとすると，$(x, 0)$ の形で表される点の集合が x 軸となります．点 $(1, 0), (-3, 0),$ $\left(2\dfrac{1}{3}, 0\right)$ はすべて x 軸上にありますが，点 $\left(\dfrac{1}{5}, 2\right)$ は x 軸上にありません．

同じように平面上の y 軸は，y を任意の数として，$(0, y)$ の形で表される点の集合です．

3次元空間には，次の3本の座標軸があります．
- x 軸：$(x, 0, 0)$ の形の点の集合，ただし x は任意の数
- y 軸：$(0, y, 0)$ の形の点の集合，ただし y は任意の数
- z 軸：$(0, 0, z)$ の形の点の集合，ただし z は任意の数

4次元空間とは，x, y, z, t を任意の数として，(x, y, z, t) の形のすべての点からできている空間です．したがって，どれか1つの座標だけが任意の値をとり，ほかの3つの座標が0である点すべての集合をこの空間の**座標軸**と呼ぶのが自然です．こうして，4次元空間には4つの座標軸があることは明らかです．つまり，次

説明も参照.]

のようになります.

- x 軸：$(x, 0, 0, 0)$ の形の点の集合，ただし x は任意の数
- y 軸：$(0, y, 0, 0)$ の形の点の集合，ただし y は任意の数
- z 軸：$(0, 0, z, 0)$ の形の点の集合，ただし z は任意の数
- t 軸：$(0, 0, 0, t)$ の形の点の集合，ただし t は任意の数

3次元空間には座標軸だけでなく**座標平面**もあります．この座標平面はどれか2本の座標軸を通ります．たとえば yz 平面は y 軸と z 軸を通っています.

3次元空間にはこのような座標平面が全部で次の3枚あります.

- xy 平面：$(x, y, 0)$ の形の点の集合，ただし x と y は任意の数
- yz 平面：$(0, y, z)$ の形の点の集合，ただし y と z は任意の数
- xz 平面：$(x, 0, z)$ の形の点の集合，ただし x と z は任意の数

このことから4次元空間でも，4つの座標のうちどれか2つの座標が任意の値をとり，残りの2つの座標が0である点すべての集合を**座標平面**と呼ぶのは自然なことです．たとえば $(x, 0, z, 0)$ の形の点の集合を4次元空間の xz 平面と呼ぶことにします．

このような平面は全部でいくつあるでしょう．すべて書き出しましょう.

- xy 平面：$(x, y, 0, 0)$ の形の点の集合
- xz 平面：$(x, 0, z, 0)$ の形の点の集合

- xt 平面：$(x, 0, 0, t)$ の形の点の集合
- yz 平面：$(0, y, z, 0)$ の形の点の集合
- yt 平面：$(0, y, 0, t)$ の形の点の集合
- zt 平面：$(0, 0, z, t)$ の形の点の集合

これらのどの平面についても，文字で表された座標は0を含むどんな値であっても構いません．たとえば点 $(5, 0, 0, 0)$ は xy 平面上にも xz 平面上にも乗っています（これ以外にこの点が乗っているのはどの平面ですか）．このことから，たとえば y 軸上のどの点もすべて yz 平面上に乗っていることがわかります．この意味で，yz 平面は y 軸を「通って」いると言えます．つまり，この軸の点はすべてこの平面の点でもあるということです．実際，y 軸上の任意の点は $(0, y, 0, 0)$ の形であり，この点は $(0, y, z, 0)$ の形の点の集合，すなわち yz 平面に含まれます．

問． yz 平面の点であり，xz 平面の点でもある点全体の集合は何ですか．

答． それは $(0, 0, z, 0)$ の形の点の集合，つまりは z 軸そのものです．

このように，4次元空間には3次元空間での座標平面に似た点の集合が全部で6つあります．これらは3次元空間の座標平面と同様，どれか2つの座標はどんな数値もとることができ，ほかの2つの座標は0であるすべての点の集合です．これらの座標平面は，2本の座標軸を「通り」ます．たとえば，yz 平面は y 軸と z 軸

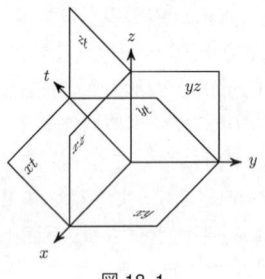

図 18.1

を通ります．逆に，各座標軸を通る座標平面は3枚あります．たとえば，xy 平面，xz 平面，xt 平面は x 軸を通ります．このことから，「x 軸はこれらの平面の**交わりである**」とも言えます．6枚の座標平面の共通点はただ1つ，すなわち座標原点 $(0,0,0,0)$ です．

問． xy 平面と yz 平面の交わり，xy 平面と zt 平面の交わりはそれぞれどんな点の集合ですか．

4次元空間を図示すると，3次元空間とよく似ていることがわかります．4次元空間における座標平面と座標軸の位置関係は，図でイメージすることができます．図 18.1 は座標軸を直線で，座標平面を平行四辺形で表したものです．このことは3次元空間の図（図 12.2，134 ページ）のときとまったく同じです．

ところで，4次元空間にはさらに「**3次元座標平面**」と呼ばれる点の集合があります．このことは次のように考えればすぐに予想がつくでしょう．直線には原点があ

り，平面には原点と座標軸が，3 次元空間には原点と座標軸のほかに座標平面もあります．このことから，4 次元空間には「**3 次元座標平面**」と呼ばれる新しい点の集合が出現すると考えるのは自然なことでしょう．

この 3 次元座標平面は，4 つの座標のうち 3 つの座標はどんな数値もとることができ，残りの座標が 0 である点すべての集合です．このような点の集合の例として，x, z, t がどのような値をとってもよく，$(x, 0, z, t)$ の形をした点すべての集合があります．この点の集合を **3 次元座標平面 xzt** と呼びます．容易にわかるように，4 次元空間には次の 4 つの 3 次元座標平面があります．

- xyz 平面：$(x, y, z, 0)$ の形の点の集合
- xyt 平面：$(x, y, 0, t)$ の形の点の集合
- xzt 平面：$(x, 0, z, t)$ の形の点の集合
- yzt 平面：$(0, y, z, t)$ の形の点の集合

次のことも言えます．これらの 3 次元座標平面は座標原点を通り，それぞれの平面は 3 本の座標軸を通ります（「通る」というのは，ここでは「座標原点と 3 つの軸のどの点も平面に含まれる」という意味です）．たとえば，3 次元平面 yzt は y 軸と z 軸と t 軸を通ります．

これと同様に，どの 2 次元平面も 2 つの 3 次元平面の交わりだと言えます．たとえば xy 平面は，3 次元平面 xyz と xyt の交わりであり，双方の 3 次元平面に含まれる点すべての集合です．

図 18.2 を見てみましょう．3 次元座標平面 xyz は平行六面体になっています．これを見ると，この平面が x 軸と y 軸と z 軸，さらに xy 平面と xz 平面と yz 平面を含んでいることがわかります．

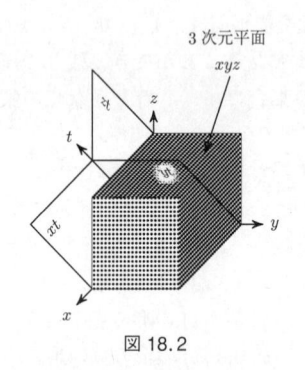

図 18.2

練習問題

18-1. 任意の 2 つの 3 次元座標平面が交わって点の集合を与えるための条件を求めなさい．また，それらの集合はどんな図形を表しますか．

3. いくつかの問題

次に，4 次元空間における「2 点間の距離」とはどんな意味であるかを考えることにします．

§3, §7, §12 では，図を用いなくても座標だけから 2 点間の距離が求まることを学びました．実際，直線上の 2

点 $A(x_1), B(x_2)$ 間の距離は，式
$$\rho(A,B) = |x_1 - x_2|$$
あるいは
$$\rho(A,B) = \sqrt{(x_1-x_2)^2}$$
で計算され，平面の 2 点 $A(x_1,y_1), B(x_2,y_2)$ 間の距離であれば，式
$$\rho(A,B) = \sqrt{(x_1-x_2)^2 + (y_1-y_2)^2}$$
で求まり，3 次元空間の 2 点 $A(x_1,y_1,z_1), B(x_2,y_2,z_2)$ 間の距離は式
$$\rho(A,B) = \sqrt{(x_1-x_2)^2 + (y_1-y_2)^2 + (z_1-z_2)^2}$$
で計算されます．

そこで，4 次元空間でも距離を同じように定義するのが自然でしょう．そこで，次のように定義します．

定義． 2 点 $A(x_1,y_1,z_1,t_1), B(x_2,y_2,z_2,t_2)$ 間の**距離**とは，式
$$\rho(A,B) = \sqrt{(x_1-x_2)^2 + (y_1-y_2)^2 + (z_1-z_2)^2 + (t_1-t_2)^2}$$
で計算される数 $\rho(A,B)$ のことを言います．

特に，点 $A(x,y,z,t)$ と原点 $O(0,0,0,0)$ との距離は
$$\rho(O,A) = \sqrt{x^2+y^2+z^2+t^2}$$
で得られます．

これらの式を使えば，4 次元空間の幾何学の問題も，学校の課題を解くのと一言一句同じようにして解くことができます．

練習問題

18-2. 3点 $A(4, 7, -3, 5), B(3, 0, -3, 1), C(-1, 7, -3, 0)$ を頂点とする三角形は,二等辺三角形であることを証明しなさい.

18-3. 4次元空間に4点 $A(1, 1, 1, 1), B(-1, -1, 1, 1), C(-1, 1, 1, -1), D(1, -1, 1, -1)$ があります.これらの点どうしの距離はすべて互いに等しいことを示しなさい.

P│ 　4次元空間に3点 A, B, C があるとして,角 ABC の大きさを次のように定義します.4次元空間の2点間の距離はすでに計算できるようになっているので,三角形 ABC の辺の長さ,つまり $\rho(A, B), \rho(B, C), \rho(A, C)$ を求めることができます.次に普通の2次元平面に,辺 $A'B', B'C', C'A'$ の長さがそれぞれ $\rho(A, B), \rho(B, C), \rho(A, C)$ である三角形 $A'B'C'$ を描きます.

　このとき,この三角形の角 $A'B'C'$ の大きさを**4次元空間における角 ABC の大きさ**と定義します[7].

練習問題

18-4. 3点 $A(4, 7, -3, 5), B(3, 0, -3, 1), C(1, 3, -2, 0)$ を頂点とする三角形は直角三角形であることを証明しなさい. ◻

---

[7] この定義が,数学者の求めるような妥当な定義(「整合的である」とも言う)であるためには,$\rho(A, B), \rho(B, C), \rho(A, C)$ に等しい辺をもつ三角形を2次元平面上に描けることを証明しなければなりません.そのためには,これらのどの距離も,他の2つの距離の和よりも小さいことを確かめなければならず,二重の不等式をいくつか解く必要があります.

18-5. 3 点 $A(0,0,1,-3)$, $B(\sqrt{3},0,1,-3)$, $C(0,\sqrt{3},4,-3)$ を頂点とする三角形の各辺の長さと角の大きさを求めなさい．

18-6. 問題 18-2 の 3 点 A,B,C を頂点とする三角形の角 A,B,C の大きさを求めなさい．

§19　4 次元立方体

1. 球と立方体

次に 4 次元空間の図形について考えることにします．図形とは（これまでと同様），点の集合のことであるとします．

球面の定義を例にします．球面とは，ある定められた 1 点から等距離にある点の集合です（図 19.1 参照）．4 次元空間の点が何であり，2 点間の距離が何であるかはすでに知っているので，4 次元空間の球面もこれらの定義との類推で定義できます．その定義を数と式で表しましょう（簡単のために，3 次元空間の場合と同様，中心は原点であるとします）．

定義. 方程式
$$x^2+y^2+z^2+t^2 = R^2$$
を満たす点 (x,y,z,t) の集合を，原点を中心とする半径 R の **4 次元球面**と言います．

球面ではなく球を考えるには，等号を不等号に変えま

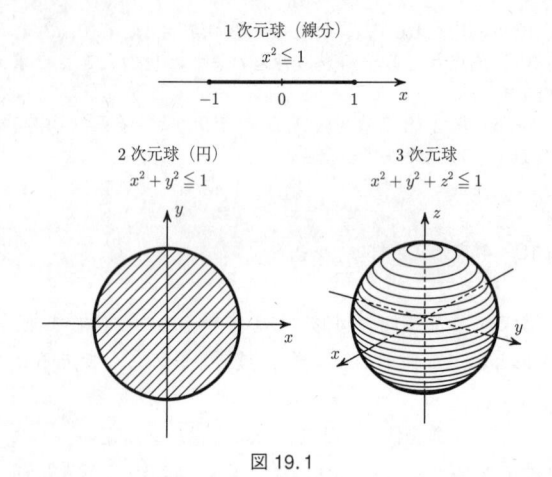

1次元球（線分）

$$x^2 \leq 1$$

2次元球（円）
$x^2 + y^2 \leq 1$

3次元球
$x^2 + y^2 + z^2 \leq 1$

図 19.1

す[8]．

$$x^2 + y^2 + z^2 + t^2 \leq R^2$$

次に4次元立方体について少し考えてみましょう．この図形は前に学んだ3次元立方体と名称も似ています（図 19.2）．平面にも，立方体と似た図形として正方形があります．これらの共通点は，立方体と正方形それぞれを数式で定義してみるとはっきりします．

実際にそのような定義を考えてみましょう（すでに問題 **12-1** の (6) で考えたことでもあります）．

---

[8] この変更を他の次元の「球」について考えてみると，2次元の「球」は円であり，1次元の「球」は線分です．

図 19.2

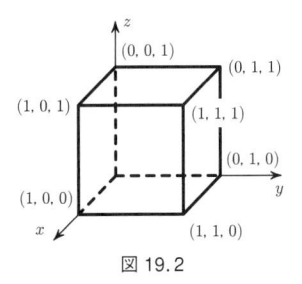

定義． 式

$$\begin{cases} 0 \leqq x \leqq 1 \\ 0 \leqq y \leqq 1 \\ 0 \leqq z \leqq 1 \end{cases} \quad (19.1)$$

を満たす点 (x, y, z) の集合を**単位立方体**と言います．

立方体のこの「数式による定義」は，図をまったく必要としません．しかし，「図による定義」を式に置き換えると，この定義が得られます[9]．

xy 平面上の正方形も数式で定義できます．

---

[9] もちろん，数式による立方体の定義のしかたにはこれ以外の方法もあります．たとえば，式 $-1 \leqq x \leqq 1$, $-1 \leqq y \leqq 1$, $-1 \leqq z \leqq 1$ で定義される点の集合も立方体です．この立方体は原点に関して大変よい位置にあります．原点が中心であり，座標軸と座標平面がそれぞれこの立方体の対称軸と対称面になっているからです．しかし，ここでの目的には式 (19.1) によって定義すると都合がよく，この立方体を他の立方体と区別して特に**単位立方体**と呼びます．

xy 平面上の**正方形**とは式

$$\begin{cases} 0 \leq x \leq 1 \\ 0 \leq y \leq 1 \end{cases}$$

を満たす点 (x, y) の集合です.

これら2つの定義を比較すると, 正方形は実は立方体の類似物であるということができます. これからは, 正方形を「2次元立方体」と呼ぶことがあります.

1次元空間である直線上でも, 正方形や立方体に類似する図形が考えられます. すなわち, 直線上に式

$$0 \leq x \leq 1$$

を満たす点の集合をとれば, これは明らかに「1次元立方体」です. このように考えれば, 次のように定義をするのは全く自然なことでしょう.

定義.

$$\begin{cases} 0 \leq x \leq 1 \\ 0 \leq y \leq 1 \\ 0 \leq z \leq 1 \\ 0 \leq t \leq 1 \end{cases}$$

を満たす点 (x, y, z, t) の集合を **4次元立方体**と言います[10].

4次元立方体の図が描かれてはいない, と気にする必

---

10) [訳注] 3次元の場合と同様「単位立方体」とも言います.

要はありません．後で描きます（4次元立方体を描けるとは！ とびっくりしないでください．これまでにも平らな紙（2次元空間）に3次元立方体を描いてきたではありませんか）．ところで，4次元立方体を描くためにはこの立方体がどのように「成り立っている」のか，どんな要素からできているのかをまず調べておく必要があります．

2．4次元立方体の構造

次元の低い立方体から次元の高い立方体の順に，すなわち線分，正方形，3次元の立方体の順に考察していきましょう（図19.3を見てください）．

不等式
$$0 \leq x \leq 1$$
で与えられる線分は極めて単純な図形です．これについて言えることは，その境界は2つの点（0と1）であるということぐらいでしょう．この2つの点以外の点を，線分の**内部**と言います．

正方形の境界は，4つの点（**頂点**）と4つの線分（**辺**）からできています．

3次元立方体の境界は，8個の点（**頂点**），12個の線分（**辺**），6個の面（**正方形**）の3種類です．

以上を表にまとめると，次のようになります．

図形	境界		
	点（頂点）	線分（辺）	面（正方形）
線分	2	—	—
正方形	4	4	—
立方体	8	12	6

　この表は，図形の名称のかわりに次元の考え方を利用して

- 線分は1
- 正方形は2
- 立方体は3

のように数で表すと簡単になります．

　このとき，点（頂点）をゼロ次元とみなすと都合よくいきます．こうすると，前の表は次のように書き直せます．

立方体の次元	境界の次元		
	0	1	2
1	2	—	—
2	4	4	—
3	8	12	6
4	?	?	?

　さしあたりの目標は，表の第4行を埋めることです．そのためには，線分，正方形，立方体それぞれの図形の

図 19.3

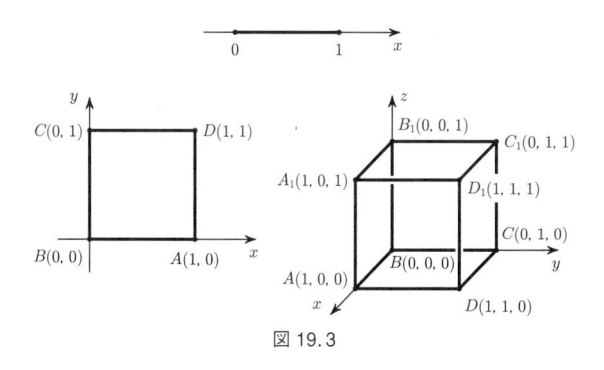

境界（図 19.3）をもう一度，今度は解析的に——つまり数だけを使って——見直しましょう．そしてそこからの類推で，4次元立方体の境界がどのように構成されているかを理解することにします．まず「頂点」を考えます．

線分 $0 \leqq x \leqq 1$ には $x=0, x=1$ の2つの頂点があります．

正方形 $0 \leqq x \leqq 1,\ 0 \leqq y \leqq 1$ には以下の4つ，

$$x = 0,\ y = 0$$
$$x = 0,\ y = 1$$
$$x = 1,\ y = 0$$
$$x = 1,\ y = 1$$

すなわち，点 $(0,0), (0,1), (1,0), (1,1)$ です．

立方体 $0 \leqq x \leqq 1,\ 0 \leqq y \leqq 1,\ 0 \leqq z \leqq 1$ には8つの頂点があります．これらの頂点は，x, y, z が0か1で

ある点 (x, y, z) ですから，次の8個です．

$$(0,0,0), (0,0,1), (0,1,0), (0,1,1)$$
$$(1,0,0), (1,0,1), (1,1,0), (1,1,1)$$

定義． 数 x, y, z, t が0か1である点 (x, y, z, t) を，4次元立方体 $0 \leq x \leq 1$, $0 \leq y \leq 1$, $0 \leq z \leq 1$, $0 \leq t \leq 1$ の**頂点**と言います．

0と1からなる4つの数字の組としては16通りが作られるので，頂点は16個あるはずです．実際，3次元立方体の頂点の座標である3つの数の組（8組あります）を考えましょう．この3つの数の組の最後に0を付け足したものを作り，それとは別に，今度は1を付け足したものを作ります（図19.4）．こうすると，3つの数の組のそれぞれから，4つの数の組が2つずつ作られるので，4個の数の組は全部で $8 \times 2 = 16$ 個になります．

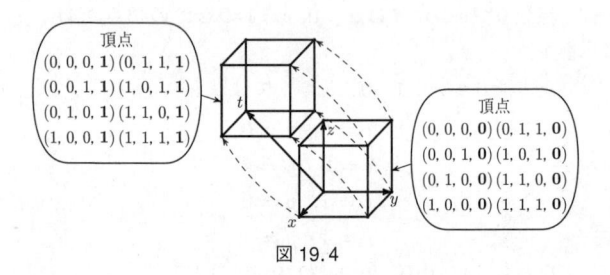

頂点
$(0,0,0,\mathbf{1})(0,1,1,\mathbf{1})$
$(0,0,1,\mathbf{1})(1,0,1,\mathbf{1})$
$(0,1,0,\mathbf{1})(1,1,0,\mathbf{1})$
$(1,0,0,\mathbf{1})(1,1,1,\mathbf{1})$

頂点
$(0,0,0,\mathbf{0})(0,1,1,\mathbf{0})$
$(0,0,1,\mathbf{0})(1,0,1,\mathbf{0})$
$(0,1,0,\mathbf{0})(1,1,0,\mathbf{0})$
$(1,0,0,\mathbf{0})(1,1,1,\mathbf{0})$

図 19.4

こうして，4次元立方体の頂点の個数が計算されました．

練習問題

19-1. 4次元立方体の16個の頂点の座標をすべて書きあげなさい．

次に，4次元立方体の「辺」と呼べるものは何であるかを考えましょう．ここでも，類推を行います．正方形の辺は次の式で表されます（図19.3に戻りましょう）．

$$0 \leq x \leq 1,\ y = 0\ (\text{辺}\ AB)$$
$$x = 1,\ 0 \leq y \leq 1\ (\text{辺}\ AD)$$
$$0 \leq x \leq 1,\ y = 1\ (\text{辺}\ CD)$$
$$x = 0,\ 0 \leq y \leq 1\ (\text{辺}\ BC)$$

これを見ると，正方形の辺の特徴がわかります．それらの辺上の点のx座標とy座標のどちらかは固定された0または1であって，もう一方の座標は0から1までのどんな値にもなり得ます．

同様に，3次元立方体の辺は次の式で与えられます（図19.3参照）．

$$x = 1,\ y = 0,\ 0 \leq z \leq 1\ (\text{辺}\ AA_1)$$
$$0 \leq x \leq 1,\ y = 0,\ z = 1\ (\text{辺}\ A_1B_1)$$
$$x = 0,\ 0 \leq y \leq 1,\ z = 1\ (\text{辺}\ B_1C_1)$$

以下同様．

以上からの類推で，次の定義が得られます．

定義． 4つの座標のうち3つの座標が0または1の定数で，残りの1つの座標が0から1までの任意の値をとる点すべての集合を，4次元立方体の**辺**と言います．

辺には，たとえば次があります．

(1) $x=0$, $y=0$, $z=0$, $0 \leq t \leq 1$
(2) $0 \leq x \leq 1$, $y=1$, $z=0$, $t=1$
(3) $x=0$, $0 \leq y \leq 1$, $z=0$, $t=0$

以下同様．

4次元立方体には辺がいくつあるか——つまり，上の形の式を書き続けると，全部で何行書けるか——その数を数えることにしましょう．

こんがらからないようにするには，きちんとした順序で数えないといけません．まず，辺を4つのグループに分けます．第1グループはx座標の値がなんであってもよく（$0 \leq x \leq 1$），y, z, t座標の値が0か1のどちらかに決まっているものとします．

ところで，0と1とを使ってできる3つの数の組は8個あることがわかっています（3次元立方体の頂点の数を思い出しましょう）．したがって，第1グループ（x座標の値が変わる）には8本の辺があります．同じように考えて，yの値が変わる第2グループにも8本の辺があることは明らかです．同じように考えを進めると，4次元立方体には全部で$4 \times 8 = 32$本の辺があることになります．

今度はこれらのそれぞれの辺を表す数式を，もれがないように，次の表のように書き出します．

3次元立方体には，頂点と辺のほかに面もあります．それぞれの面上の点の座標は，3つのうち2つの座標

グループ1 $0 \leq x \leq 1$			グループ2 $0 \leq y \leq 1$			グループ3 $0 \leq z \leq 1$			グループ4 $0 \leq t \leq 1$		
y	z	t	x	z	t	x	y	t	x	y	z
0	0	0	0	0	0	0	0	0	0	0	0
0	0	1	0	0	1	0	0	1	0	0	1
0	1	0	0	1	0	0	1	0	0	1	0
0	1	1	0	1	1	0	1	1	0	1	1
1	0	0	1	0	0	1	0	0	1	0	0
1	0	1	1	0	1	1	0	1	1	0	1
1	1	0	1	1	0	1	1	0	1	1	0
1	1	1	1	1	1	1	1	1	1	1	1

は変化しますが（0から1までのどのような値もとれますが），残りの1つの座標は定数（0または1）です．たとえば，面 ABB_1A_1（図19.3）は

$$0 \leq x \leq 1,\ y = 0,\ 0 \leq z \leq 1$$

で表されます．

同じように考えて，次のように定義できます．

定義． 4つの座標のうち2つの座標が0から1までの任意の値をとり，残りの2つの座標が定数（0または1）である点すべての集合を，4次元立方体の **2次元面** と言います[11]．

たとえば，

$$x = 0,\ 0 \leq y \leq 1,\ z = 1,\ 0 \leq t \leq 1$$

---

11) なぜ「2次元」と断らなければならないかは，少し後でわかります．

は2次元の面を表す例です．

練習問題

19-2. 4次元立方体の2次元面の個数はいくつですか． ☒

これで，208ページの表の第4行を埋めることができます．

立方体の次元	境界の次元		
	0	1	2
1	2	—	
2	4	4	—
3	8	12	6
4	16	32	24

しかし，これでは表はまだ完成していません．それは，4次元立方体についてはさらに一列を追加しなければならないようだということです．実際，境界としては線分には頂点だけがあり，正方形には辺が追加され，立方体には2次元の境界面がさらに追加されました．それで，4次元立方体にはここに挙げた型の境界のほかにもう1つ，3次元の境界面があると類推するのはもっともなことでしょう．

こうして，次の定義を得ます．

定義． 4つの座標のうち3つの座標が0から1までの任意の値をとり，残りの1つの座標が定数（0または

1）である点すべての集合を，4次元立方体の **3次元面** と言います．

3次元面の個数は簡単に計算できます．4つの座標のそれぞれについて，定数としてとり得る値は2つ（0または1）ですから，2×4＝8で，8つの3次元面があることになります．

練習問題
19-3. 前ページの表に「3次元面」の列を追加して，表を完成させなさい．

ここで，図19.5を見てみましょう．これは4次元立方体を描いたもので，16個の頂点，32本の辺，24枚の2次元面（平行四辺形で示されています），8つの3次元面（平行六面体で示されています）のすべてが描かれています．どの面がどの辺を含むかといったことがわかるでしょう．

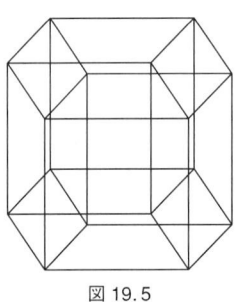

図 19.5

4次元立方体の視覚的な図を描く方法はほかにもあります．従来の3次元立方体の模型を郵送するよう，誰かに頼まれたとしてみてください．もちろん「3次元」郵送もできますが，3次元物体の郵送は小包郵便になるので，やっかいです．そこで，紙を貼り合わせて作った立方体を切り開いて型紙を作り，こうしてできた（数学用語で言う）「展開図」を送るようにするほうがよいでしょう．このような展開図を図 19.6 に示してあります．

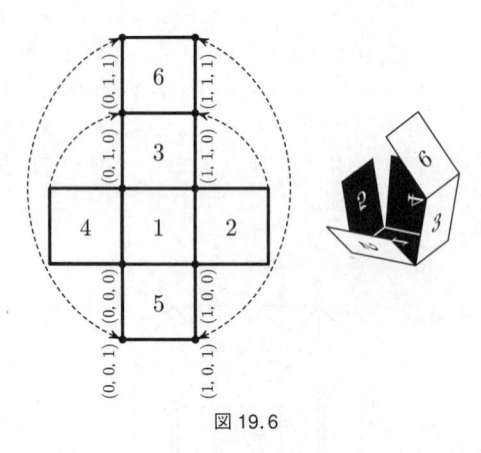

図 19.6

展開図には頂点の座標を書き込んであるので，この展開図をどのように貼り合わせれば3次元立方体になるかは明らかでしょう．

練習問題

19-4. 4次元立方体の8個の3次元面を与える式を書きなさい．

19-5. 4次元立方体の「展開図」を作ることができます．展開図は3次元図形であり，明らかに8個の立方体からできています．展開図を実際に描くか，あるいはイメージして，各頂点の座標を書きなさい．

3. 立方体についての問題

これまで，4次元立方体がどのように作られているかを考えてきました．次にその大きさを考えてみることにします．4次元立方体の各辺の長さは，正方形や普通の3次元立方体と同じく1とします（「辺の長さ」とは同じ辺の上にある頂点間の距離のことです）．これを根拠に，この「立方体」が単位立方体と呼ばれることは前にも述べました．

練習問題

19-6. 4次元立方体の，同じ辺上にない頂点の間の距離を計算しなさい． ◻

19-7. 問題 **19-6** を解いてみると，4次元立方体のすべての頂点を4つのグループに分けられることに気づくでしょう．頂点 $(0,0,0,0)$ からの距離が1である頂点のグループを「グループ1」とし，この距離が $\sqrt{2}$ である頂点のグループを「グループ2」，この距離が $\sqrt{3}$ である頂点のグループを「グループ3」，この距離が $\sqrt{4}=2$ である頂点のグループを「グループ4」とします．各グループの頂点の個数を求めなさ

19-8. 頂点 $(1,1,1,1)$ は頂点 $(0,0,0,0)$ から最も遠く，その距離は 2 です．この頂点を頂点 $(0,0,0,0)$ に向かい合う頂点と呼び，それらを結ぶ線分を 4 次元立方体の**主対角線**と呼ぶことにします．4 次元以外の次元の単位立方体の主対角線はどう決めればよいですか．また，それらの主対角線の長さを求めなさい．

19-9. 針金で作られた 3 次元立方体があって，頂点 $(0,0,0)$ にアリがいるところを想像してください．アリは頂点から頂点へ，辺を這って進むものとします．

アリが頂点 $(0,0,0)$ から $(1,1,1)$ にたどり着くためには，何本の辺を通らなければなりませんか．答は 3 本です．このことから頂点 $(1,1,1)$ を「ランク 3」の頂点と呼ぶことにします．

頂点 $(0,0,0)$ から到達するために 2 本の辺を通らなければならない頂点（たとえば $(0,1,1)$）を「ランク 2」の頂点と呼ぶことにします．このような頂点は 3 個あります．

立方体には「ランク 1」の頂点もあります．アリはただ 1 本の辺を通ってその頂点に到達できるということです．ランク 1 の頂点もやはり 3 個あります．

3 次元立方体にはランク 2 の頂点が 3 つあります．これらの頂点の座標を求めなさい．

19-10. 3 次元立方体の頂点 $(0,0,0)$ からランク 2 の頂点に到達する道筋は，2 通りあります．たとえば頂点 $(0,1,1)$ に行く場合，$(0,0,1)$ を通ることも，$(0,1,0)$ を通ることもできます．

立方体の頂点とそれに向かい合う頂点をつなぐ道筋は，3 本の辺がつながってできています．向かい合う頂点に到達するための道筋は何通りありますか．

19-11. 座標原点を中心とする4次元立方体，すなわち次の不等式で与えられる点の集合を考えます．

$$\begin{cases} -1 \leq x \leq 1 \\ -1 \leq y \leq 1 \\ -1 \leq z \leq 1 \\ -1 \leq t \leq 1 \end{cases}$$

(1) 頂点 $(1,1,1,1)$ から他の頂点までの距離を，すべて求めなさい．

(2) 頂点 $(1,1,1,1)$ について，ランク1の頂点を求めなさい（言いかえると，頂点 $(1,1,1,1)$ から，1本の辺を通って到達できる頂点を求めなさい）．ランク2，ランク3，ランク4の頂点も求めなさい．

19-12. 4次元立方体の頂点 $(0,0,0,0)$ から向かい合う頂点 $(1,1,1,1)$ に到達するための道筋は何通りありますか．通過しなければならない頂点を順番に書いて，すべての道筋を書き出しなさい．

19-13. 問題 **19-11** の4次元立方体のすべての頂点を通る4次元球面[12]の方程式を求めなさい．◻

19-14. 普通の3次元立方体を平面で切断すると，切断面上にある平面図形，すなわち断面図が得られます．図 19.7 に，主対角線に垂直な平面で立方体を切断したときに得られる断面図を描いてあります．この図は，切断とは別の方法でも思い描くことができます．立方体を「貫く」ように平面を移動させると，滑らかに変化する切断面が得られます．

同様に正方形（「2次元立方体」）の上で，主対角線に垂直な方向に直線を移動させると，正方形と直線との重なりは最

---

[12] 203 ページの定義を参考にしましょう．

図 19.7　　　　　図 19.8

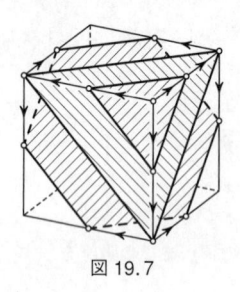

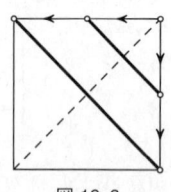

初は1点ですが，その後線分となります．その長さは移動とともに次第に長くなりますが（最大の長さは？），やがて短くなって，ついには1点に収縮します（図19.8）．

これと逆向きの類推で，4次元立方体を3次元空間内で移動させることにします．このとき，3次元空間に3次元図形——4次元立方体の断面図——が現れるはずです．

明らかに，この図形は何らかの多面体であるはずです．

(1) 4次元立方体を，その主対角線に垂直な3次元空間で移動させるとき，どんな図形が得られるか考えなさい．◻

注意． 厳密な解答は，ここでは求めません．まず，3次元と2次元との類推で解いてみなさい．厳密な証明を行うには，そもそも問題を厳密に記述しなければなりません（たとえば「主対角線に垂直な3次元空間」が何を意味するかをあらかじめ考えておかなければなりません）．

(2) 4次元立方体の，主対角線に垂直な3次元平面での一連の断面の系列，いわば「アニメーション」を描きなさい．

◻

補充問題

第1章

I-1. 次の2点のうちどちらが右側にありますか．

(a) $A(x)$ と $B\left(\dfrac{1}{x}\right)$ 　　(b) $A(x)$ と $B\left(\dfrac{1}{x^2}\right)$

(c) $A\left(x+\dfrac{1}{x}\right)$ と $B(2)$ 　　(d) $A(x+y)$ と $B(2\sqrt{xy})$

(e) $A(x)$ と $B([x])$ 　　(f) $A(x)$ と $B(x-[x])$

注意. 記号 $[x]$ は数 x の整数部分，すなわち x を超えない最大の整数を意味します．たとえば，$\left[3\dfrac{2}{7}\right]=3, [5]=5, [-2.5]=-3, [-7]=-7$ など（本文 67 ページも参照）．

I-2. 数直線上に3つの点があり，そのうちの1つの点は他の2つの点の間にあります．次の3つの点のうち，間にある点はどれですか．

(a) $A(3), B(-8), C(15)$

(b) $M(\sqrt{2}), N(1.41), K(1.4142)$

(c) $P(3.14), Q(3.1416), R(\pi)$ ⊠

(d) $E(\sqrt{6}), F(2.5), G(2.49)$

I-3. (1) 数直線上の相異なる3点 $A(a), B(b), O(0)$ はどのような位置関係（順序）があり得ますか．

(2) (1) で考えた順序になるのは，パラメータ a, b がそれぞれどんな条件を満たす場合ですか．また，それぞれの例となる図を描きなさい．

I-4. 次の3点について，あり得る数直線上の順序を答えなさい．

(a) $A(a), B(b), C(a+b)$ (b) $A(a), B(b), C(a-b)$
(c) $A(a), B(b), C(\sqrt{ab})$ (d) $A(2a), B(2b), C(a+b)$

I-5. 次の式で与えられる点の集合があります.

(a) $[x] = 3$ (b) $[x] = -3$ (c) $x = [x]$
(d) $x < [x]$ (e) $x > [x]$ (f) $x + [x] = 0$

(1) これらの集合を数直線上に描きなさい.
(2) これらの式を[ ]記号を使わずに書きなさい.

I-6. 数直線上に3点 $A(3), B(-5), M(x)$ が与えられています.

(1) 次の場合の点 $M(x)$ の集合を表す式を書きなさい.
(a) 点 $M(x)$ は点 A と点 B との間にある.
(b) 点 A は点 $M(x)$ と点 B との間にある.
(c) 点 B は点 $M(x)$ と点 A との間にある.

(2) これらの集合を数直線上に描きなさい.

I-7. 次の点を原点に移動させるための移動距離を求めなさい.

(a) $M(5)$ (b) $N(-5)$ (c) $P(p^2)$
(d) $Q(-r^2)$ (e) $R(r)$

I-8. (1) 点 $A(x)$ と点 $A'(x+a)$ とではどちらが右側にありますか.

(2) これら2点間の距離を求めなさい. ⊠

I-9. 両端が $A(a)$ と $B(b)$ である線分を移動させて, 点 $A(a)$ がもとの点 $B(b)$ の場所に重なるようにします. 次の問に答えなさい (巻末注18).

(1) 端点 $B(b)$ の移動後の座標を求めなさい. ⊠
(2) 端点 $A(a), B(b)$ の移動距離はいくらですか.
(3) 点の移動方向は正の方向ですか, 負の方向ですか.

I-10. 次の (a) から (o) について, 各式に含まれる文字がどんな値であっても成り立つ式には「+」印を, どんな値

でも成立しない式には「−」印を，値によって成り立つものには「±」印を付けなさい．

(a) $|x^3| = |x|^3$ (b) $|-x| = |x|$ (c) $|x| \leq x$
(d) $|x^3| < x^3$ (e) $|x^3| > x^3$ (f) $|x^3| \leq x^3$
(g) $x^4 \leq |x^4|$ (h) $|x| + |y| = |x+y|$
(i) $|x| + |y| < |x+y|$ (j) $|x| + |y| \leq |x+y|$
(k) $|x| + |y| \geq |x+y|$ (l) $|x^2| + |y^2| > |x^2 + y^2|$
(m) $x = [x]$ (n) $x > [x]$ (o) $x < [x]$

I-11. 次の式が表す点の集合を数直線上に描きなさい．

(a) $|x| < \dfrac{1}{|x|}$ (b) $|x| < \dfrac{1}{x^2}$ (c) $|x| < \sqrt{x}$
(d) $|x| < x - 2 < |x - 3|$ (e) $|x| < x^2 < |x^3|$
(f) $|x^3| < x^2 < |x|$ (g) $x^2 < |x| < |x^3|$

I-12. 直線上の3点 $A(a), B(b), O(0)$ の順序を，次のそれぞれの場合について述べなさい．

(a) $|a| > |b|$ (b) $a \cdot b > 0$ (c) $a - b > 0$

I-13. 次の各式が最小値をとる x の値と，そのときの式の値を求めなさい．

(a) $|x+1| + |x-1|$ ✗
(b) $|x+1| + |x-3| + |x-1|$ ✗
(c) $|x+1| + |x-1| + |x-3| + |x-5|$
(d) $|x+1| + |x-7| + |x-5| + |x-3| + |x-1|$

I-14. 両端が $A(a), B(a+b)$ である線分の中点を C とします．

(1) 点 C の座標を求めなさい．
(2) 点 A, B, C のうち，(a) 左端にあるもの，(b) 右端にあるもの，(c) 2つの点の間にあるもの，をそれぞれ答えなさい．

I-15. A, B, C, D を直線上の任意の4点とし，点 K, L,

M, N を線分 AB, BC, CD, DA の中点とします．このとき線分 KM の中点と LN の中点は一致することを証明しなさい．

I-16. 点 A は，両端が $M(m)$ と $N(n)$ である線分上の点であり，点 B は，両端が $P(p)$ と $Q(q)$ である線分上の点であるとします．

(1) $m=1, n=2, p=6, q=8$ であるとき，線分 AB の中点のありうる座標の範囲を求めなさい．

(2) 問題 (1) を一般化した形で，すなわち m, n, p, q の値が任意の値をとるとして，解きなさい．

I-17. (1) 端点が $A(a)$ と $B(b)$ である線分を点 M_i ($i=1, 2, 3$) で 4 等分します．分割点の座標をすべて求めなさい．(ヒント:「線分の中点の式」(2 等分の式) を用いなさい．)

(2) 与えられた線分を 1024 個に等分するには，2 等分の式を何回使えばいいですか．

(3) 2 等分の式だけを用いて線分を n 等分することを考えます．

(a) 100 以下の n の値をすべて答えなさい．

(b) n のとり得る値を与える一般式を書きなさい．

(c) すべての分割点を求めるためには，2 等分の式を何回使えばよいですか．

(d) 線分の端点に最も近い分割点を得るためには，2 等分の式を何回使えばよいですか．

I-18. 両端が $A(a)$ と $B(b)$ である線分を点 M_1, M_2 で 3 等分します．

(1) これら 2 点の座標を，1 : 2 の比に内分する式だけを用いて求めるにはどうすればよいか答えなさい．☒

(2)「2 等分の式」と「1 : 2 内分の式」だけを用いて線分を n 等分することを考えます．100 以下の n の値をすべて

答えなさい．

(3) (2) での n のとり得る値を与える一般式を書きなさい．

I-19. 線分 AB を長めに描き，n を自然数（たとえば，$n = 1, 2, 3, \cdots, 10$）として，この線分を比の値 $\lambda = n$ で（つまり $n:1$ の比に）分割する点を求めなさい．また，n の値を同じとして，比の値 $\lambda = \dfrac{1}{n}$ で分割する点を求めなさい．

I-20. 前問と同様，線分 AB を描きなさい．n をある自然数として，この線分を比の値 $\lambda = 1, 2, \cdots, n$ で分割する点と，さらに，n の値を同じとして，比の値 $\lambda = \dfrac{1}{n}, \dfrac{2}{n}, \dfrac{3}{n}, \cdots, \dfrac{(n-1)}{n}$ で分割する点を求めなさい．

I-21. 点 M_1 は線分 AB を比の値 λ で内分し（つまり $\lambda > 0$），点 M_2 はこの線分を比の値 $-\lambda$，すなわち絶対値が同じ比 λ で外分します（図 I.1 参照）．比の値の絶対値が同じで一方が内分点 M_1，他方が外分点 M_2 であるとき，この 2 点は点 A, B に関して**共役**であると言います．

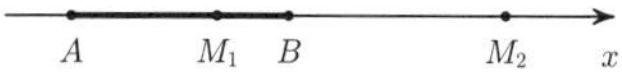

$$|M_1A| : |M_1B| = 2 : 1, \lambda_{M_1} = 2$$
$$|M_2A| : |M_2B| = 2 : 1, \lambda_{M_2} = -2$$

図 I.1

次の点に共役な点を答えなさい．

(a) 線分 AB の中点　(b) 点 A　(c) 点 B

I-22. 点 $A(a), B(b)$ に関して共役である点 $M_1(x_1), M_2(x_2)$ の座標は次の式を満たすことを証明しなさい．

$$\frac{x_1 - a}{b - x_1} = -\frac{x_2 - a}{b - x_2}$$

(この式には比の値 λ が現れないことに注意．)

I-23. 点 M, N は点 A, B に関して共役だとします。このとき点 M, N に関して点 A と共役な点を求めなさい。また，この結果を「点 M, N が点 A, B に関して共役であれば……」の形の命題で述べなさい。

I-24. 次のことを証明しなさい。

(1) $\sqrt{3}$ はどんな有理数とも等しくない。☒

(2) n が素数であれば，$\sqrt{n}$ はどんな有理数とも等しくない。

(3) $\sqrt{12}$ はどんな有理数とも等しくない。

(4) n（自然数）が自然数の平方でないならば，数 $\sqrt{n}$ はどんな有理数とも等しくない。☒

第2章

II-1. 2点 $M(a,b), N(c,d)$ のうち，点 M は点 N よりも x 軸から遠くにあり，点 N は点 M よりも y 軸から遠くにあります。

このことから，数 a, b, c, d の間にどんな関係式が導かれますか。

II-2. (1) 次の4点を頂点とする凸四角形の形を求めなさい。

(a) $A(a, 0), B(-a, 0), C(0, b), D(0, -b)$
(b) $A(a, b), B(-a, -b), C(-a, b), D(a, -b)$
(c) $A(a, b), B(c, d), C(-c, -d), D(-a, -b)$
(d) $A(a, b), B(-a, -b), C(-b, a), D(b, -a)$
(e) $A(a, b), B(2b, -2a), C(-2b, 2a), D(-a, -b)$

(2) これら四角形の対称軸の個数は，パラメータ a, b の値に応じてどう変わりますか。

II-3. 4点 $A(4, 1), B(3, 5), C(-1, 4), D(0, 0)$ を頂点とする正方形を考えます。

(1) この正方形をまず x 軸に平行に，続いて y 軸に平行に移動させ，この正方形の頂点 B が座標原点と重なるようにします．このとき，B 以外の頂点の座標を求めなさい．☒

(2) (a) このように移動させた正方形の頂点 A をもとの位置，すなわち座標が $(4, 1)$ である点に戻すには，原点のまわりに何度回転させればよいですか．☒

(b) (a) のように回転させたとき，A 以外の頂点の座標を求めなさい．

II-4. 次の式で与えられる点の集合を座標平面上に描きなさい．

(a) $x^2 - 3x + 2 < 0$ (b) $x^2 - 3x + 2 \leqq 0$
(c) $x^2 - 3x + 2 > 0$ (d) $x^2 - 3x + 2 \geqq 0$
(e) $x^2 - 3xy + 2y^2 = 0$ (f) $x^2 - 3xy + 2y^2 \geqq 0$
(g) $x^2 - 3|x||y| + 2y^2 \geqq 0$ (h) $x^2 - 3|xy| + 2y^2 \geqq 0$
(i) $xy = 1$ (j) $xy > 1$
(k) $|xy| < 1$ (l) $|xy| = xy$
(m) $x^2 y^2 = 1$ (n) $xy^2 > 1$
(o) $|x| = x$ (p) $|x| + |y| \leqq |x + y|$
(q) $\begin{cases} x > [x] \\ y > [y] \end{cases}$ (r) $|x - [x]| + |y - [y]| \leqq 0$
(s) $[x] > [y]$ (t) $[x]^2 + [y]^2 = 0$
(u) $[x] - [y] = 2$

II-5. 辺の長さが x と y である長方形の集合を考えます．また，辺の長さが a と b である長方形を座標平面上の点の座標 (a, b) で表示することにします．

(1) 長方形を「表示する」点は，xy 平面のどの部分を占めますか．

(2) 正方形を表示する点は，どの部分にありますか． ◻

(3) 点 $M(m,n)$ はある長方形を表示しているとします．この点が表示するのと相似な長方形を表示する点はほかにもありますか．

(4) 座標原点と点 $(2,3)$ を通る直線上の点で表示されるのはどんな長方形の集合ですか．

(5) 辺の長さが a と b である長方形と相似な長方形を表示する点は，座標平面のどこに位置しますか．

(6) 面積が同じ長方形を表示する点の位置関係を答えなさい． ◻

(7) 対角線の長さが 1 である長方形を表示する点の集合を描きなさい．

II-6. 平面上に $y=kx+b$ の形の方程式で与えられる直線があります．個々の方程式を座標 (k,b) の点で表示することにします．たとえば，方程式 $y=-2x+1$ を点 $M(-2,1)$ で表示します．

(1) 原点はどんな方程式を表示しますか．また，点 $(1,1)$, 点 $(1,-1)$ はそれぞれどんな方程式を表示しますか．

(2) x 軸，y 軸はそれぞれどんな直線の集合を表示しますか．

(3) 直線 $y=x$ に平行な直線の集合を表示する点の集合を描きなさい．

(4) 座標原点を通る直線の集合を表示する点の集合を描きなさい．

II-7. $x^2+px+q=0$ の形の 2 次方程式を考えます．この形の個々の方程式には 2 つの数 p,q が対応します．この方程式を座標が (p,q) である点で表示することにします．たとえば，方程式 $x^2-2x+3=0$ は点 $A(-2,3)$ で表示され，方程式 $x^2-1=0$ は点 $B(0,-1)$ で表示されます．

(1) 原点が表示するのはどんな方程式ですか.

(2) 2つの解の和が0である方程式を表示する点の集合を描きなさい.

(3) 平面上に無作為に点をとります. とった点が表示する方程式が2つの実数解をもてばこの点を青色にし, 方程式が実数解をもたなければ赤色にします. さらに, 何個かの点をとって同じ操作を行います. すると, 平面のどの部分が「青」になり, どの部分が「赤」になりますか. 「青」と「赤」の境界はどんな曲線ですか. この曲線が表示する方程式は何個の解をもちますか.

(4) 正の実数解をもつ方程式を表示するのはどんな点の集合ですか.

(5) 解の1つが1であることがわかっている方程式を表示するのはどんな点ですか.

II-8. 4点 $A(1,3), B(-2,1), C(-1,7), D(2,1)$ のうち, ちょうど3つの点が1つの直線上にあることを証明しなさい[1].

II-9. 次の4つの点の組 I, II, III があります. これらの組には, (a) 4つの点すべてが1直線上にある組, (b) ちょうど3つの点が1直線上にある組, (c) どの3点も直線上にない組, があります (図II.1参照).

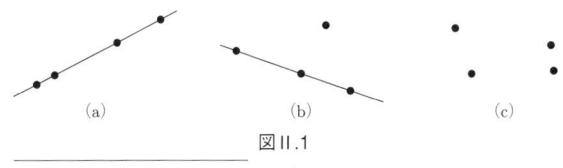

図II.1

---

[1] 数学では「ちょうど3つ」を表すのに「3つあり, しかも3つに限る」のように表現します. これは, 3つより多くも少なくもなく, 厳密に3つであることを意味します.

次のそれぞれの組が (a)～(c) のどれに該当するかを答えなさい．

I. $A(1, -13.2), B(-40, -157.5), C(40, 14.35),$
   $D(2, -0.1)$

II. $A(6.1, -13.11), B(5.94, 21.8), C(-3, 22.21),$
    $D(1, 58.21)$

III. $A(1+\sqrt{3}, \sqrt{3}), B(4, 7.5), C(65, 78.5), D(2, 0.1)$

II-10. 点 $A(a_x, a_y), B(b_x, b_y), C(c_x, c_y)$ を平面上の任意の 3 点とし，L, M, N をそれぞれ線分 BC, CA, AB の中点とします．次の問に答えなさい．

(1) 線分 AL, BM, CN を，端点 A, B, C からみて $2:1$ の比に分割する点 P, Q, R の座標を求めなさい．

(2) 平面幾何学のどの定理を一般化した結果が得られたことになりますか．

II-11. 点 $K(0, 2\sqrt{6})$ は，中心が $C(1, 0)$，半径 5 の円周上にあることを証明しなさい．

II-12. (1) 方程式
$$\frac{x^2}{a^2} + \frac{y^2}{b^2} = 1$$
が与える曲線は，辺の長さが $2a$ と $2b$ の長方形に完全に囲まれることを証明しなさい．☒

(2) この曲線のもう 1 つの性質を，その方程式から見いだせますか．

II-13. 原点と点 (a, b) とを通る直線は方程式
$$\frac{x}{a} = \frac{y}{b}$$
で与えられることを証明しなさい．また，この直線の傾きを求めなさい．

II-14. 平面上の点 $M(a, b)$ を通る直線すべての集合を，

点 M を中心とする**直線束**と言います．

(1) 方程式 $A(x-a)+B(y-b)=0$ は点 $M(a,b)$ を中心とする直線束の方程式であることを証明しなさい．☒

(2) 直線 $3x-2y=4$ と $2x+5y=3$ はそれぞれ次の方程式で与えられる直線束のどちらに属しますか．

(a) $y+1=k(x-4)$

(b) $A(x-4)+B(y-4)=0$ ☒

II-15. 点 $M(x_m, y_m), N(x_n, y_n)$ を通る直線の傾きを求めなさい．☒

II-16. (1) ある長方形の対角線上の2つの頂点までの距離の平方の和と，この長方形のもう1つの対角線上の2つの頂点までの平方の和が等しいような，点の軌跡を求めなさい．

(2) この結果を定理の形で述べなさい．

II-17. 任意の大きさの2つの円が与えられているとします．これらの円への接線の長さが等しくなるような点の軌跡を求めなさい．

II-18. 3つの点への距離の平方の和が，一定の大きさ c である点の軌跡は円周になることを証明しなさい．

II-19. 点 M から2点 A, B までの距離の比の値は，1ではない一定値であるとします（つまり $|AM|:|BM|=k:1$，ただし k は1以外の正の数）．このような点 M の集合は円周になることを，座標法を用いずに証明しなさい．☒

II-20. 座標軸の長さの単位は同じで，軸間の角度が α であるような斜交座標系があります．この座標系で2点 $A(a), B(b)$ の距離を与える式を求めなさい．

II-21. 次の方程式は，デカルトの斜交座標系ではどんな曲線を与えますか（巻末注19）．

(a) $x^2+y^2=R^2$ (b) $y=x^2$ (c) $xy=1$ ☒

II-22. 次の各組の点のうち，極座標系の始線から遠いのはどちらの点ですか．

(a) $K\left(1, \dfrac{\pi}{6}\right)$ と $L\left(1, \dfrac{\pi}{4}\right)$

(b) $K\left(2, \dfrac{\pi}{6}\right)$ と $L\left(1, \dfrac{\pi}{2}\right)$

(c) $K(1, \alpha)$ と $L(1, 2\alpha)$

II-23. 円周座標系におけるすべての整数点（整数値の座標をもつ点[2]）が識別されているものとします．

(1) 整数点のどれかが互いに一致することはありますか．あれば，どれとどれが一致するかを答えなさい．なければその理由を述べなさい．

(2) 整数点のどれかが，原点を通る直径の反対側の端点と一致することはありますか．あれば，どの点であるかを答えなさい．なければその理由を述べなさい．

(3) 整数点のうち，どれか2つの点が座標円周の同一の直径の端点となることはありますか．あれば，どれとどれであるかを答えなさい．なければその理由を述べなさい． ◻

注意． 最後の問題は，「数とは何か，点とは何であると言うべきか」ということの話を始めたときに生じる「素朴な」問に関係しています．このテーマには，次のような「やっかいな」問——「円周上の点と実数との間に1対1対応が付けられるような座標を円周に導入することは可能か？」——が関係します．

---

[2] 復習しておきましょう．円周上の点 M の座標は，単位円上の始点 $O(0)$ からの弧 OM の長さです．たとえば，$O(0)$, $A(1), B(2), C(3), D(4)$ とか $E(-1), F(-2), G(-3)$ などは整数点です．

第3章

III-1. 立方体の対角線は1点で交わり，その点で対角線が2等分されることを証明しなさい．

III-2. (1) 頂点の1つが座標原点であり，この頂点から伸びる辺は座標軸に平行で，長さがそれぞれ a, b, c である直方体の頂点の座標を求めなさい．

(2) この直方体の対角線の交点の座標を求めなさい．

III-3. 点 $M(2, 3, 4)$ からの距離がそれぞれ次の長さであるような z 軸上の点を求めなさい．

(a) 6   (b) 5   (c) 1

III-4. (1) 2点 $M(2, -3, 1), N(4, 5, -5)$ から等距離にある点の軌跡を求めなさい．※

(2) (1) の一般形として，2点 $A(x_a, y_a, z_a), B(x_b, y_b, z_b)$ から等距離にある点の軌跡を求めなさい（巻末注20）．

III-5. 次の連立方程式で与えられる図形を求めなさい．
$$\begin{cases} x^2 + y^2 + z^2 = 1 \\ x = y \end{cases}$$

III-6. 底面が半径が5の円で，高さが3である円柱の側面を与える方程式を書きなさい．※

III-7. 空間において，方程式
$$x^2 + y^2 - z^2 = 0$$
が与える図形を求めなさい．※

III-8. 座標軸上に3点 $A(1, 0, 0), B(0, 2, 0), C(0, 0, 3)$ をとります．

(1) 平面 ABC の方程式を書きなさい．

(2) 平面 ABC と，次の方程式で与えられる平面との交点を求めなさい．

(a) $6x + 2y + 3z = 1$

(b) $6x+3y+2z=1$

(c) $6x+3y+2z=6$

(3) 上の方程式 (a)〜(c) で与えられる平面は ABC に関してどのような位置にありますか.

III-9. 座標軸上に 3 点 $A(1,0,0), B(0,2,0), C(0,0,3)$ をとります.

(1) 空間に直線 AB, BC, CA を与える方程式を書きなさい.

(2) 座標軸の 1 つと平行である平面 ABK, BCM, ACN の方程式をそれぞれ書きなさい.

(3) 平面 ABK, BCM, ACN が 2 つずつ交わってできる 3 つの直線のそれぞれの方程式を書きなさい. ☒

(4) これらの 3 平面は共通点をもちますか. もつなら, その点の座標を求めなさい.

(5) この問題を図に描きなさい.

III-10. 「平面の方程式が $Ax+Cz+D=0$ の形であれば, この平面は y 軸に平行である」は正しいですか, また, その逆は正しいですか.

III-11. 次の連立方程式で与えられる点の集合を求めなさい.

(a) $\begin{cases} 3x-2y+z=6 \\ \dfrac{x}{2}-\dfrac{y}{3}+\dfrac{z}{6}-1=0 \end{cases}$

(b) $\begin{cases} y=x^2 \\ x=1 \end{cases}$ (c) $\begin{cases} y=x^2 \\ y=1 \end{cases}$

III-12. 5 つの点 $A(3,2,1), B(2,-4,-6), C(-3,-2,-1), M(-1,2,3), N(4,-4,-6)$ があります. 平面の方程式は書かずに次のことを証明しなさい.

(a) 平面 ABC と平面 CBM は座標原点を通る．

(b) 平面 ABN と x 軸は平行である．☒

III-13. 次の方程式が与える点の集合を求めなさい．

(a) $|x+3y-z-1|+|5x-3y+z|=0$

(b) $|x+3y-z-1|-|5x-3y+z|=0$

(c) $(x+3y-z-1)(5x-3y+z)=0$

(d) $(x+3y-z-1)(5x-3y+z)>0$

III-14. 空間で，直線を1つの方程式で与える方法を考えなさい．その方程式は線形方程式になり得ますか．

III-15. 次の点を通る，z 軸に平行な直線を1つの方程式で与えなさい．

(a) $A(1,6,0)$ (b) $B(5,4,-1)$

III-16. 連立方程式

$$\begin{cases} x-y+3z=1 \\ x+y-z=5 \end{cases}$$

で直線が与えられています．次の問に答えなさい．

(1) この直線を次の平面に正射影する平面の方程式をそれぞれ書きなさい．

(a) xy 平面 (b) yz 平面 (c) xz 平面

(2) この直線の座標平面への正射影を求めなさい．

III-17. 平面 $x+y+z=4$ と平面 $5x+5y-z=2$ との交わりである直線は xy 平面にはないことを証明しなさい．

III-18. 点 $(3,-1,8)$ を通り，次の直線または平面に平行な直線の方程式をそれぞれ求めなさい．

(a) 直線 $\begin{cases} 3x+y-2z=1 \\ x-2y+z=5 \end{cases}$

(b) 直線 $\begin{cases} 3x-2y-z=3 \\ x+2y+z=9 \end{cases}$ ☒

(c) 直線 $\dfrac{x-3}{5} = \dfrac{y-5}{4} = \dfrac{z-1}{2}$

(d) 平面 $3x-y+5z=1$

III-19. 平面 $x-y+z=1$ と $3x-2y+2z=2$ は yz 平面上の直線で交わることを証明しなさい.

III-20. 直線

$$\dfrac{x-2}{3} = \dfrac{y-6}{2} = \dfrac{z+1}{2}$$

は平面 $9x+6y+6z=1$ に垂直であることを証明しなさい.

III-21. 単位立方体の 3 つの頂点 $(0,1,1),(1,0,1),(1,1,0)$ (図 III.1) を通る平面は, この立方体の頂点 $(0,0,0)$ から引いた主対角線に垂直であることを証明しなさい. ☒

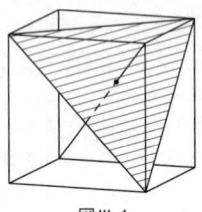

図III.1

III-22. 次の 4 本の直線が与えられています.

(A) $\begin{cases} 3x-y-z=-1 \\ x+y+5z=1 \end{cases}$ (B) $\begin{cases} x-y+z=-5 \\ 2x+y+6z=0 \end{cases}$

(C) $\dfrac{x-1}{2} = \dfrac{y-3}{3} = \dfrac{z+1}{-1}$

(D) $\dfrac{x-3}{1} = \dfrac{y+1}{4} = \dfrac{z-5}{-1}$

これらの直線のうち2本は交わり，2本は平行です．
(1) 平行な直線はどれとどれですか．
(2) 交わる直線の交点を求めなさい．

第4章

IV-1．(1) 4次元立方体を構成する8個の3次元面を与える条件を求めなさい．

(2) これらの条件は，この立方体の頂点を定める条件からどのようにして得られますか．

IV-2．4次元空間の直線はどんな方程式で与えられますか．5次元では，さらにn次元ではどうですか．☒

IV-3．平面（2次元空間）においては，1直線上にない3点を求めることができます．3次元空間には同一の平面上にない4つの点があります．4次元空間には同一の3次元平面にはない5個の点を求めることができると自然に仮定できます．

このような5つの点の例を（それらの座標を示して）挙げなさい．

注意．座標平面上の点は選ばないようにしましょう．

IV-4．4次元空間における次の3つの点の組のうち，3つの点が同一直線上にあるのはどちらですか．
(a) $A(1, 0, -4, 5), B(10, 6, -1, 11), C(4, 2, -3, 7)$
(b) $M(3, 1, 3, -1), P(0, 4, 1, 1), Q(2, 5, 7, -1)$ ☒

IV-5．4次元立方体の図（図IV.1）に，平面$z=0$にある3次元面を表す立方体を太線で描いてあります．これと同じように，残りの7つの3次元面を明らかにしなさい．

IV-6．5次元立方体の定義を述べ，図を描くことはできま

図IV.1

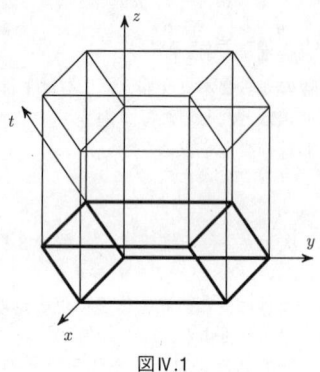

せんか.

IV-7. 問題 19-9（218ページ）では，針金で作られた立方体をアリが這っていました．今度は立方体は紙で作られていて，アリは辺だけでなく 3 次元立方体の 2 次元面も這うことができるとします．

(1) 1 つの頂点から反対側の頂点に最短の道筋で到達するには，アリはどのように進めばよいですか．

(2) この問題を 4 次元立方体の場合について解きなさい．

IV-8. アリが xy 平面上の「単位」正方形の内部の点 M にいるとします．アリは 2 次元の生き物であるとすれば，同じ平面の点 N にたどり着くために，「単位」正方形の面から出ることはできません．「3 次元」空間に住む蚊であれば，このことを易々とやってのけます（蚊の道筋を描いた図 IV.2 を参照）．

しかし，蚊であっても 3 次元立方体から出ることはできません．

図IV.2

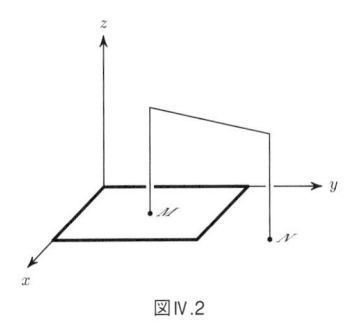

　ここで，蚊はただの虫でなく魔法使いだと思ってください．蚊は4次元空間に入って行けるのです．4次元空間に「埋め込まれた」[3] 3次元単位立方体の中に止まっています．

　蚊が3次元立方体の面と交差しないで，点 $B(2,1,0,0)$ にたどり着く道筋を書きなさい． ☒

IV-9. 中心が座標原点で，半径が r である4次元球面があります．この球面と，不等式 $-1 \leq x \leq 1$, $-1 \leq y \leq 1$, $-1 \leq z \leq 1$, $-1 \leq t \leq 1$ で与えられる4次元立方体との交点の数は r の値によってどう変わるか答えなさい．

IV-10. 3次元空間では，2つの平面は交わるか平行であるかのいずれかです．4次元空間では，2つの2次元平面の位置関係はいくつの場合がありますか．また，5次元空間ではどうですか． ☒

---

[3] カギカッコ「　」は不要かもしれません．「埋め込む」という言葉は数学では比喩としてではなく，普通に使われます．

注

1（20ページ） 実数について

数については，すっかりおなじみですね．自然数（つまり，正の整数）があり，ゼロ，負の整数があり，正の分数と負の分数もあることを知っています．これらの数をまとめて**有理数**と言います．みなさんは，これらの数についてのどの演算も行うことができ，どの有理数でも数直線上の点として表されることを知っているはずです．

困ったことが起こるのは，数直線上に座標が**有理数**である点をすべてとろうとすると，**隙間**ができることです．たとえば，数直線上の0から1までの線分を1つの辺とする正方形を描き，つづいて座標原点Oを中心に，この正方形の対角線の長さを半径とする円弧を描こうとすると，数直線上ではこの円弧は，座標が有理数である点の間から「すり抜け」てしまいます．このことは，一辺の長さが1の正方形の対角線の長さ（これを普通$\sqrt{2}$と表します）はどんな有理数でもない，ということを意味しています．有理数でないというのは，$\sqrt{2}$は，p, qを整数としたときに（ただし$q \neq 0$）分数$\dfrac{p}{q}$の形には表せないということです．

このことを証明しましょう．

仮に，$\sqrt{2}$に等しい分数$\dfrac{p}{q}$があって，しかも$\dfrac{p}{q}$は**既約分数**であるとします．すなわち

$$\sqrt{2} = \frac{p}{q}$$

であるとします．このことから$2 = \left(\dfrac{p}{q}\right)^2$，つまり$2 = \dfrac{p^2}{q^2}$

より
$$2q^2 = p^2 \tag{1}$$
となります.

この式の左辺は偶数であるから,右辺も偶数でなければならないことになります.ところが,奇数の平方は必ず奇数になることから(証明してください),p自体が**偶数**であることになり,$p=2k$(kは整数)と表せば $p^2=4k^2$ となります.

すると,上の等式(1)は
$$2q^2 = 4k^2$$
つまり $q^2 = 2k^2$ となり,q^2 は偶数だということになりますから,q もまた偶数であることになります.

こうして,分数 $\dfrac{p}{q}$ の分子 p も分母 q も偶数であり,2で割り切れることになります.したがって,この分数は既約分数ではないことになりますが,これは最初の前提に反します.以上から,**数 $\sqrt{2}$ はどんな有理数にも等しくない**ことが結論づけられます.

この結論を認めると,どんなことになるでしょうか.座標軸である数直線上のすべての点が有理数の座標をもつとは限らず,点と数との間に1対1の対応があるとは言えないことになります.

まだほかにも,深刻で不可解なことが生じます.たとえば,円周 $x^2+y^2=1$ と直線 $y=x$ との交点の座標については,何も言えないことになります(この交点の座標が有理数でないことを確かめなさい).放物線 $y=x^2$ と直線 $y=2$ の交点の x 座標は定まらないことになります.

不可解なことは幾何にも起こります.上で見たように,単位正方形の対角線とみなせる数は定まらないことになります.

ところで,仮に対角線の長さが 1(あるいは別の有理数でもよい)であったとすると,こんどは正方形の辺の長さが定まらないことになってしまいます.また,一辺の長さが 1 である正三角形の高さがいくらであるかも言えないことになります.このほかにも,同じようなことが続きます.

数学者がこの不可解な状況から逃れられたのは,それほど昔のことではありません.それは,実数論が創られた 19 世紀のことです.この実数論の核心,「とり残されたままになっていた事柄」は,次の証明にあります.すなわち,「どんな 10 進小数も——有限の小数でも,循環する無限小数でも,さらには循環しない無限小数でも——何らかの数を表す」ということです.

実のところこの証明については,皆が皆ではないにしても,これを定義だと考える人もいます.ところで,数学では何を定義とするかは決まってはいません.もし何かを「数」と呼びたければ,それを数として扱うこと——つまり互いに比較可能で,いろいろな演算を行うことができ,さらに演算結果として得られた新しい「数」と呼ぶものが,数直線上の確定した点として位置づけられること——ができなければなりません.

この大きな(困難であるだけでなく,長たらしい)仕事を数学者たちがやりとげました.

このように,循環することなく無限に続く 10 進小数がどのようにして得られるかを,上と同じく $\sqrt{2}$ を例として示しましょう.

$(\sqrt{2})^2 = 2$ から始めて,数 $\sqrt{2}$ の 10 進表記を求めます.

$1^2 < 2 < 2^2$ だから明らかに $1 < \sqrt{2} < 2$,すなわち $\sqrt{2} \fallingdotseq 1.\cdots$ です.

続いて $1.1, 1.2, 1.3, \cdots, 1.9$ の平方を計算していって,

$1.4^2 < 2 < 1.5^2$ すなわち $1.4 < \sqrt{2} < 1.5$ より $\sqrt{2} \fallingdotseq 1.4\cdots$ を得ます．

さらに $1.41, 1.42, \cdots$ の平方を計算していって，$1.41^2 < 2 < 1.42^2$ すなわち $1.41 < \sqrt{2} < 1.42$ より $\sqrt{2} \fallingdotseq 1.41\cdots$ となります．

明らかに，この方法[1]で数 $\sqrt{2}$ を任意の桁数で表すことができます．

課題． $\sqrt{5}$ を小数点以下2桁まで求めなさい．

2（40ページ） 極端な場合についての注意

論理的にはこの場合を調べる必要はありませんが，証明した式が正しいことを確かめるのには役立ちます．物理学では，導いた式が正しいことを確かめるために，極端な場合や特異な場合を考えることがあります．

3（40ページ） 2点間の距離の式の別の導き方

式（3.1）はもっと簡単に得られます．線分 AB を，端点 A が原点に重なるように移動させます．つまり，$-x_1$ だけ移動させます．すると点 B は座標が $x_2 - x_1$ である点 B' に移ります．求める距離は明らかに，点 B' から原点（つまり点 $A(0)$）までの距離，すなわち点 B' の座標の絶対値 $|x_2 - x_1|$ に等しい．

4（100ページ） 一般形で表された直線が平行であること，垂直であること

練習問題9-10から，直線が一般形の方程式 $Ax + By = C$ で与えられているときにも，この直線に平行な（あるいは，垂直な）直線の方程式を求めるためには，傾き形式の方程式

---

[1] もちろん，この原始的な方法はどんな数も無限桁数の小数で表すことが**原理的に**可能であることを証明しているだけです．実用的にはもっと効率のよい方法が用いられています．

に必ずしも書き換えなくてよいことになります.

たとえば, 直線が式 $3x-5y=6$ で与えられているとします.

この直線に平行な直線の方程式においても x と y の係数は同じであって, $3x-5y=C$ となります.

この直線に垂直な直線の方程式を得るには, これらの係数の位置を入れ替えて, さらに, 正負の符号を逆にします. そうして, $5x+3y=C$ を得ます.

いずれの場合も, 定数項 C は追加条件から求めます (たとえば, 座標原点を通る直線の方程式であれば $C=0$).

まとめると, 次のようになります.

(1) 直線 $Ax+By=C$ と直線 $A_1x+B_1y=C_1$ が平行であれば, $\dfrac{A}{A_1}=\dfrac{B}{B_1}$.

(2) これらの直線が垂直であれば, $A \cdot A_1 + B \cdot B_1 = 0$.

興味深いことに, 上の2つのことを次のようにベクトルで表現することもできます.

(1) の条件は, ベクトル (A, B) とベクトル (A_1, B_1) が平行であるための条件であり, (2) の条件は, ベクトル (A, B) とベクトル (A_1, B_1) の内積がゼロである条件, つまり2つのベクトルが垂直である条件です.

5 (124ページ) 例3. もう1つの螺線

方程式 $\rho = a^\varphi$ (a は自然数) で与えられる曲線は, いろいろな場面で頻繁に用いられます (次ページの図参照).

この曲線は**対数螺線**と呼ばれます. ある角度 α で回転させると同時に a^α 倍だけ拡大すると, この螺線は「もとの自分と重なる」, いわゆる「自己相似」という顕著な特徴があります.

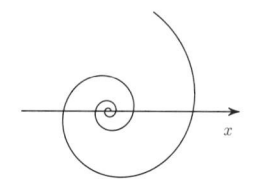

6 (136ページ) 座標によって空間の点をとる別の方法

点 M を座標 x, y, z によって位置づけることは,別のやり方でもできます.

(1) まず xy 平面への正射影,つまり点 $M_{xy}(x, y, 0)$ をとります(この作業を平面上で行うことは,すでにできるようになっているはずです).

(2) 次に点 M_{xy} を通って xy 平面に垂直な直線を引き,その上に長さ $|z|$ の線分 $M_{xy}M$ を,$z>0$ なら z 軸の正の方向に,$z<0$ であれば負の方向にとります.

このようにして得られた点 M が求めるべき点です.

7 (136ページ) 定義の同値性

ここで述べられている 2 つの定義が同値であることを証明するためには,次のことを示せば十分です.

座標軸と,点 M を通る座標平面に平行に引かれた平面との交点 M_1, M_2, M_3 を考えます.これらの交点は点 M から各座標軸に下ろした垂線の足,つまり点 M の各座標軸への正射影です.実際,たとえば平面 $MM_{xy}M_1$(次ページの図を参照)は x 軸に垂直で,この平面上のどの直線もこの座標軸に垂直であることになります.つまり,直線 MM_1 は x 軸に垂直であって,点 M_1 はこの座標軸への正射影です.

8 (137ページ) ベクトル形式で式を表現すること

これらの 3 つの式は,極めてコンパクトな形に書けます.

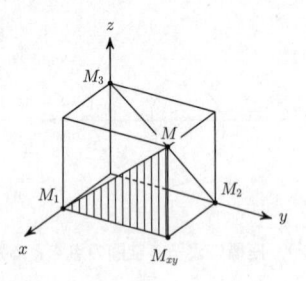

座標を違う文字で表すのではなく，番号を付けて表すことにします．

- x を x_1 と書く．
- y を x_2 と書く．
- z を x_3 と書く．

こうすると，3つの式は次のようにまとめて書くことができます．

$$x_{ci} = \frac{x_{ai} + x_{bi}}{2}, \quad i = 1, 2, 3$$

同様に，線分 AB を $\lambda : 1$ の比に分割する式

$$x_\lambda = \frac{x_a + \lambda x_b}{1+\lambda},\ y_\lambda = \frac{y_a + \lambda y_b}{1+\lambda},\ z_\lambda = \frac{z_a + \lambda z_b}{1+\lambda}$$

は，次の1つの式で置き換えられます．

$$x_{\lambda i} = \frac{x_{ai} + \lambda x_{bi}}{1+\lambda}$$

ちょっと見ただけでは，この略式の書き方[2]は事を簡単にするのではなく，厄介にするように思えるかもしれません．このような書き方を数学に最初に持ち込もうとしたとき，洒

---

2) [訳注] ベクトルの成分による書き方です．

落のうまい人が冷やかして、こんな書き方は「脳の負担を犠牲にして紙を節約するものだ」と言ったとのことです．しかし、このような書き方はその後普及して、技術的にはすっかり受け入れられ、その結果ベクトル代数が誕生しました．今ではベクトル代数のない現代数学など（いや、数学だけではない！）、およそ考えられません．ベクトル記号の導入と普及は、おそらく代数で記号が使われるようになったことに匹敵する出来事と言えるでしょう．

9（148ページ） 円柱面とは

「円柱面」という用語は、中学・高校で学ぶものよりももっと広い意味をもっています．学校では限られた場合だけに使われていて、普通は直角円柱の側面の場合しか考えません（たとえば§13の図13.5）．しかし、これとは違う円柱面があります．

例を挙げましょう．よく知られているように、方程式 $y = x^2$ は放物線を表します．しかし、これは xy 平面だけを考えた場合です．この平面を空間に「埋め込む」と（次の図 (a) 参照）、点の座標には第3の座標として z 座標が現れます．前に述べた放物線上の点ではこの第3の座標はゼロでした．したがって、空間では1つの方程式ではなく2つの方程式、正確には、2つの方程式からなる連立方程式

$$\begin{cases} y = x^2 \\ z = 0 \end{cases}$$

で与えられます．

もし仮に、連立方程式の最初の方程式 $y = x^2$ しかないとすれば、空間でこの方程式を満たすのは、放物線の点（たとえば $M(-1, 1, 0), N(2, 4, 0)$ など）だけでなく、これら各点の「上側」（あるいは「下側」）にある点を含めたすべての点

(a)

(b)

(c)

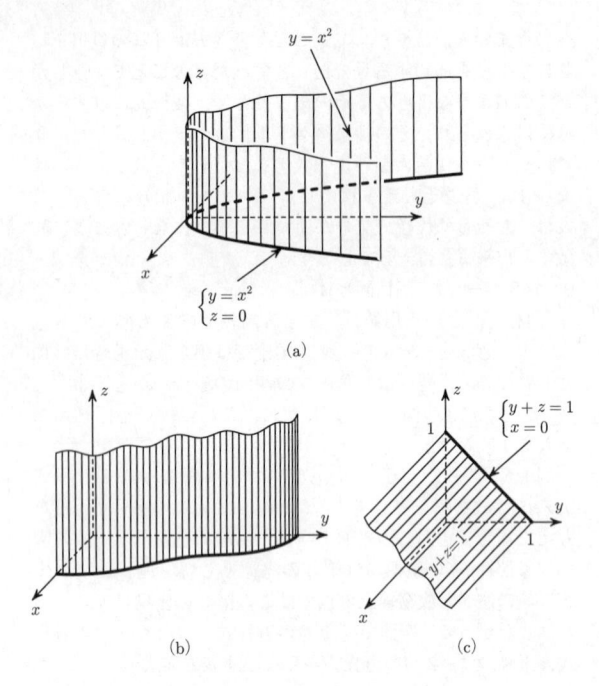

です．このようなすべての点を得るには，放物線 $y=x^2$ の各点を通る垂直な直線（つまり z 軸に平行な直線）を引きます．この直線の集合もまた円柱面と言います．今の例では，この円柱面は方程式 $y=x^2$ で与えられます．

一般に**円柱面**とは，ある曲線に沿って直線を座標軸と平行に移動させて得られる曲面を言います（図 (b) 参照）．このとき，曲線を「**導線**」と言い，曲面を作り出す直線を「**母線**」と言います．

導線の名称に基づいて円柱面を分類することがあります．たとえば，「学校で学ぶ」円柱面は普通のものに限られています（より正確には，「円周柱面」と呼ぶべきでしょう）．ほかには曲面 $y = x^2$ を導線とする「放物柱面」などがあります[3]．

このように考えると，平面は円柱面であるとの理解が容易になります．

実際，空間に何らかの直線をとり，その各点を通る直線を互いに平行になるように引くと，これらの直線はある平面を埋めつくします（図 (c)）．つまり，平面は導線が直線である円柱面であるとみなせることになります．

10（151ページ） 平面の一般形の方程式

切片による平面の方程式を導くための 2 つの主張を述べ，それを方程式を導くために活用しました．ところで，この主張はいったい何でしょうか．それは定義の類ではありません．というのは，「幾何学における平面とは何か」はわかっているからです．それでは，証明が必要でしょうか，そうであれば，どのようにして証明されるでしょうか．

第 1 の主張「平面の方程式は 1 次式に限られる」は容易に証明されます．実際，点の集合を与える方程式の中に 2 次以上の変数があれば，容易に確認されるように，座標平面との交わりは直線でなく何らかの曲線になります．たとえば，方程式 $x^2 + y - z = 1$ は xz 平面では，すなわち $y = 0$ では方程式 $z = x^2 - 1$ となりますが，この方程式は xz 平面

---

[3] 同じ円柱面であっても，導線が違う場合があることに注意しなければなりません．例えば，円柱 $x^2 + y^2 = R^2$ の面をある傾いた（xy 平面に平行でない）平面で切断すると，楕円が得られますが（水の入ったガラスのコップを傾けると，水面が楕円になります），この楕円も同じ円柱面の導線です．

では放物線を表します．ところが，このようなことは考えられません．公理として，2つの平面の交わりは直線に限られるとされているからです．

第2の主張の証明は円周の場合ほど簡単ではありません．問題は，中学・高校では普通，「円周」は定義されるのに「平面」と「直線」の用語は定義されることなく使われて，それらの性質が列挙されるという点にあります．

こうして，2番目の主張「任意の1次方程式 $Ax+By+Cz=D$（$A=B=C=0$ の場合は除く）は空間においてある平面を与える」を証明するためには，この方程式で与えられる点の集合が，平面の公理として列挙されているすべての性質をもつこと，すなわち次のことを証明しなければなりません．

(1)「どんな平面においても，それに属する点と属さない点とがある」．言い換えると，どんな方程式 $Ax+By+Cz=D$ であっても，この方程式を満たす3つの点があるが，どんな3つの点でもこの方程式を満たすとは限らないということです．このことを証明するには，例を挙げれば十分です．

(2)「方程式 $Ax+By+Cz=D$ が何らかの解 (x_0, y_0, z_0) をもてば，この方程式は1つのパラメータに依存した $x=at+b, y=kt+l, z=mt+n$ の形で表される解を無数にもつ」．この主張を証明するには，平面 $Ax+By+Cz=D$ に平行で点 (x_0, y_0, z_0) を通る直線の正規形の方程式を書いて，この直線の任意の点が，この平面上にあることを示せばよい．

(3)「空間において一直線上にない3つの点を通る平面を1つ描くことがいつでも可能で，しかもそのような平面は1つに限られる」．このことを証明するのは難しくはありませ

ん[4])（この主張を座標法の言葉に「移して」，平面の一般形の方程式がこの条件を満たすことを各自で証明しなさい）．

平面の方程式が1次式でなければならないことの証明には，これとは全く違うやり方があります．それでも平面の定義は使われていて，たとえば，平面を「与えられた2点 $(x_1, y_1, z_1), (x_2, y_2, z_2)$ から等距離の点すべての集合」と定義します（巻末注20も参照）[5]．

11（152ページ）　平面の切片形の方程式の導き方

念のために，平面の切片形の方程式を導くもう1つの方法を述べておきます．

次ページに示す図では，平面が座標軸を点 $A(a, 0, 0)$, $B(0, b, 0), C(0, 0, c)$ で切り取っています．この平面と座標平面から，底面が AOB で頂点が C である三角錐が作られています．三角錐の体積は，体積を V，底面積を S，高さを H として $V = \dfrac{1}{3} SH$ で求められます．この図の例では

$$S = \frac{1}{2} \cdot OB \cdot OA = \frac{1}{2} ba$$

であり，三角錐の高さ H は c ですから，その体積 V は次の式で計算されます．

$$V = \frac{1}{3} SH = \frac{1}{6} abc$$

さて，平面 ABC 上に点 $M(x, y, z)$ があって，その座標はすべて0より大きいとします．

点 $M(x, y, z)$ と三角錐の頂点を線分 MA, MB, MC, MO で結ぶと，大きい三角錐は3つの小さい三角錐 $MABO$,

---

4) この公理は，「互いに交わる2直線を1つの平面が通る」などの公理に替えられることもあります．
5) ちなみに，平面上の直線にもこれと似た定義があります．

$MBCO, MACO$ ——底面が AOB, OBC, OCA で高さはいずれも M の座標——に分割されます（図を参照）．

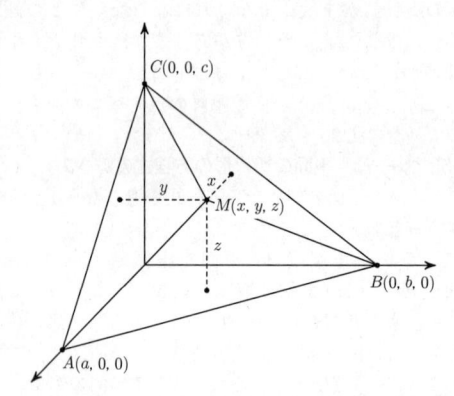

3つの三角錐の体積は，それぞれ

$$V_{MOBC} = \frac{1}{6}x \cdot bc, V_{MOAC} = \frac{1}{6}y \cdot ac, V_{MOAB} = \frac{1}{6}z \cdot ab$$

となり，これらを加え合わせると大きな三角錐の体積になるので，

$$V_{MOBC} + V_{MOAC} + V_{MOAB} = V_{OABC}$$

です．つまり

$$\frac{1}{6}bc \cdot x + \frac{1}{6}ac \cdot y + \frac{1}{6}ab \cdot z = \frac{1}{6}abc$$

となり，この等式の両辺を $\frac{1}{6}abc$ で割ることによって，最終的に求めるべき平面の方程式

$$\frac{x}{a} + \frac{y}{b} + \frac{z}{c} = 1$$

が得られます．

12（161ページ） 分母が0であることに関する大切な注意

方程式 (15.3) は，分母のどれか1つが0であれば意味をもたなくなります．このことは，たとえば点 $A(3,1,5)$ と $B(-2,3,5)$ のように，座標に同じ数があるような2点を通る場合に起こります．このとき，方程式 (15.3) を形式的に書けば次の形になります．

$$\frac{x-3}{-2-3} = \frac{y-1}{3-1} = \frac{z-5}{5-5}$$

分母が0になる分数があるから，これは許されないことです！ しかし，この場合には直線に含まれるすべての点の z 座標が5であるので，この平面の方程式を次のように書けばよいのです．

$$\begin{cases} \dfrac{x-3}{-2-3} = \dfrac{y-1}{3-1} \\ z = 5 \end{cases}$$

13（163ページ） 直線のパラメータ形式の方程式

$$x = 5t+3, \quad y = -4t-5, \quad z = 2t+1$$

のような方程式を，直線の**パラメータ形式の方程式**といいます．これは t の値が何であっても，これらの方程式を満たす座標をもつ点はすべて，この直線上にあるということです．

パラメータ形式の方程式は，直線上の点の座標が1つのパラメータによって確定されること，すなわち直線が1次元の集合であることをはっきりと示しています．

14（170ページ） 連立方程式が成り立たないこと

条件

$$\frac{A}{A_1} = \frac{B}{B_1} = \frac{C}{C_1} \neq \frac{D}{D_1}$$

のもとでは，連立方程式は成り立ちません．このことを例で説明します．

2つの方程式

$$\begin{cases} 3x+y-2z=5 \\ 6x+2y-4z=7 \end{cases}$$

があるとします．最初の方程式を2倍すると $6x+2y-4z=10$ となり，この方程式を満たす変数 x,y,z の値だと左辺の値は10になることを意味します．しかし，x,y,z が2番目の方程式をも満たすものであれば左辺の値は7になるはずです．これは矛盾です．つまり，最初の等式を成立させる変数の値が，2番目の等式をも成立させることはありません．

この逆，つまり「2番目の方程式を満たす変数の値が最初の方程式を満たすことはない」ことは明らかです．

15（172ページ） パラメータ l,m,n の幾何学的意味

l,m,n は直線と座標軸がなす角の余弦（コサイン）に比例します．このことは容易に示すことができます（図参照）．

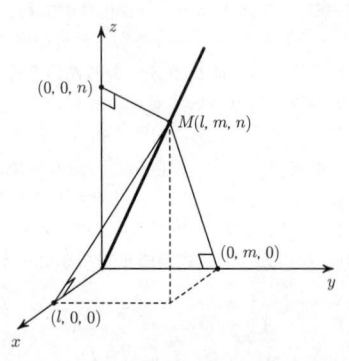

これらのパラメータと直線が平行であることとの関係について，別の考察ができます．正規形の方程式は座標平面に

直線を正射影する平面たちを与えていて，この方程式は直線のこの平面への正射影の方程式そのものです．これらの係数 l, m, n のそれぞれが等しい（同じ比をもつ，つまり比例する）方程式どうしでは，これらの直線の正射影が平行であることを意味します．ある2つの直線の3つの正射影平面（今の場合は座標平面）への正射影が平行であれば，直線そのものも平行であることは明らかです．

課題． 方程式どうしで3つの数 l, m, n のすべてが等しくなければならない（同じ比例定数で比例しなければならない）のはなぜですか．2つの直線の xy 平面と yz 平面への正射影は平行であるが，直線そのものは平行でない場合を図に描きなさい．

16（177ページ）　直線が垂直であるための条件のベクトル形式による記述

ベクトル代数にすでになじみのある読者は，ベクトルの内積が 0 である条件との類似性に気づいているでしょう．

この条件は，与えられた直線に垂直な直線の方向を一意的に決定するものではないことを断っておきます．このことは，空間では，与えられた点を通る任意の直線に対し，それに垂直な直線は無限に多くあることにも対応します．

17（187ページ）

はっきりさせるために，計算過程を書いておきます．
$$\pi(\sqrt{n}-\sqrt{2})^2 < N < \pi(\sqrt{n}+\sqrt{2})^2$$
$$\pi(n-2\sqrt{2n}+2) < N < \pi(n+2\sqrt{2n}+2)$$
$$-2\pi(\sqrt{2n}-1) < N-\pi n < 2\pi(\sqrt{2n}+1)$$
$$|N-\pi n| < 2\pi(\sqrt{2n}+1)$$

18（222ページ）「線分を移動させる」ことの意味

「線分を移動させる」と言うときには，線分の各点（もちろん両端を含む）を，同じ距離だけ同じ方向に移動させるこ

と，つまり，いわゆる「平行移動」が行われるということを暗に意味しています．

19（231ページ）　直交座標系と斜交座標系の関係について

これらに関係があるというのは，全く予想外であるかもしれません．しかし，直交座標と斜交座標が言わば「親戚」であると考えると，多くのことがよくわかるようになります．

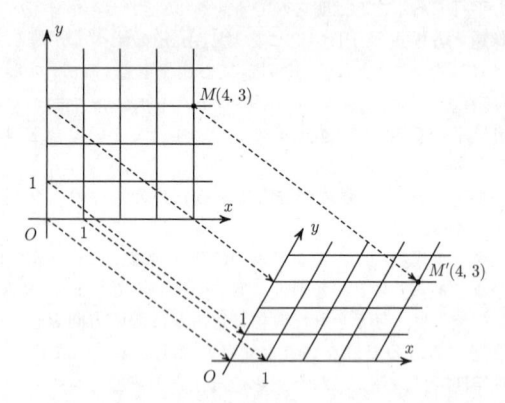

図を見てみましょう．座標平面にマス目のついた斜交座標系はどれも，ある直交デカルト座標系を平行に投影することによって得られます．どれかの座標軸（図では x 軸）に沿って長さの同じ単位をとり，投影の方向を，別の座標軸の単位長さの位置の点が，斜交座標の対応する点に投影されるように選べば十分です．

20（233ページ）　平面の一般形の方程式における係数の幾何学的意味

この問題の解は，係数 P, Q, R が式
$$P = x_a - x_b, \quad Q = y_a - y_b, \quad R = z_a - z_b$$

で決まる方程式 $Px+Qy+Rz=S$ で与えられる平面となります．

したがって，P, Q, R は，平面 $Px+Qy+Rz=S$ に垂直なベクトル $\overrightarrow{AB}$ の成分であって，点 $M_0(x_0, y_0, z_0)$ を通り，$\overrightarrow{AB}$ に垂直な平面の方程式
$$P(x-x_0)+Q(y-y_0)+R(z-z_0)=0$$
は，ベクトル $\overrightarrow{AB}=(P, Q, R)$ とベクトル $\overrightarrow{MM_0}=(x-x_0, y-y_0, z-z_0)$ とが垂直であるための条件です（図参照）．

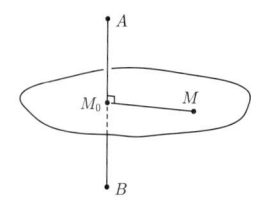

こうして，平面も円周と似た形式で定義することができます．つまり「平面とは，ある2点から等距離にある空間の点の軌跡である」と定義されます．

答・指示・解法

第1章

1-2. 慎重に！答は1つではない．

1-5. (h) 座標が1である点を考え，その点に対する点 P, Q のそれぞれの位置関係を考える．

1-6 (a) **解法.** まず x は正の数であるとする．たとえば，$x=2$ であれば $2x=4$ となる．$4>2$ であるから，点 N は点 M より右にある．任意の正の x についてどうなるかがわかる．

今度は，x が負の数であるとする．たとえば，$x=-3$ であれば $2x=-6$ となり，$2x$ は x より小さくなる！

$x=0$ についても調べて答をまとめる．

答. $x>0$ のとき，点 $N(2x)$ は点 $M(x)$ よりも右側にあり，$x<0$ のとき，点 $M(x)$ は点 $N(2x)$ よりも右側にあり，$x=0$ のときには，点 $M(x)$ は点 $N(2x)$ と一致する．

注意. このように比較的簡単な問題は暗算でも解けますが，答はきちんと完全な形に書きあげなければなりません．

1-7. (e) **答.** (1) 図を参照．

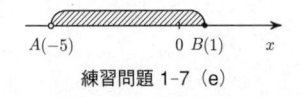

練習問題 1-7 (e)

(2) 不等式 $-5 < x \leq 1$ は数直線上に，端点が $A(-5)$ と $B(1)$ である線分を与え，右端点は線分に含まれるが，左端点は含まれない．

2-1. (d) a に負の数を代入して，必ず各自の答を確かめること．たとえば，$a=-5$ であれば $|-a|=|-(-5)|=\cdots$

といった具合に.

2-2. (b) 解法. $|x|$ は点 x から原点 O までの距離であるから，原点 O からの距離が 3 以上である点をすべて求めなければならない.

点 O からの距離が 3 であるところに点 $M(3), N(-3)$ がある（図参照）．続いて，不等式 $|x|>3$ を満たすのは，明らかに点 -3 より左側にあるすべての点の座標と，点 3 より右側にあるすべての点の座標である．

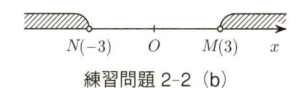

練習問題 2-2 (b)

答. 図を参照.

2-3. (c) 解法. $x<-5$ であれば，点 $M(x)$ は点 $A(-5)$ よりも左側にある（図を参照）．数 3 を加えると点は右に 3 移動するが，すべては数直線の負の部分にとどまる．したがって $x<-5$ であれば $x+3<0$ であり，つまり $|x+3|=-(x+3)$ である．

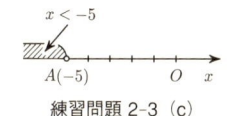

練習問題 2-3 (c)

答. $x<-5$ であれば $|x+3|=-x-3$ である.

2-7. 助言. x に正，負いろいろの値を代入してみること (0 を代入することはできますか？)．この式の値が 2 や -2 になることがありますか？

2-10. (c) 助言. この方程式の解となる座標をもつ点は，ある線分全体を埋め尽くす．

2-13. 説明. たとえば，問題 **2.12** (c) の絶対値記号を用

いた方程式 $|x^2-3x+2|+|x-1|=0$ は次の 4 つの不等式に「書き変え」られる.

$|x^2-3x+2|+|x-1|<0$, $|x^2-3x+2|+|x-1|>0$,
$|x^2-3x+2|+|x-1|\leqq 0$, $|x^2-3x+2|+|x-1|\geqq 0$.

3-3. 解法. 点 $X(x)$ が点 $B(b)$ に関して点 $A(a)$ に対称であれば, 距離 $|XB|$ と $|AB|$ は等しい (図参照).

したがって求める点の x 座標は条件
$$|XB|=|AB| \text{ すなわち } |x-b|=|a-b|$$

```
━━━━●━━━━╫━━━━●━━━━
    A(a)    B(b)    X(?)   x
```
練習問題 3-3

から決定される. 2 つの数の絶対値が等しければ, それらの数そのものが等しいか, または, 一方の符号を変えたものに等しいから, 次のようになる.

$$|x-b|=|a-b| \iff \begin{cases} x-b=a-b \\ \text{または} \\ x-b=-(a-b) \end{cases}$$

前者の場合は $x=a$ となり, 点 X は点 A そのものとなるが, これは問題の意味に反する (ただし 1 つの場合, つまり「退化」の場合を除く).

後者の場合は $x-b=b-a$, すなわち $x=2b-a$ となる.

答. 点 $A(a)$ の, 点 $B(b)$ に関して対称な点は $X(2b-a)$ である.

3-16. (2) 一見したところでは前の問題 (1) と同じようだが, 前の問題の答は 1 つの点だったのに対し, この問題の答となる点は 2 つある. 次の節の最初を読むように.

4-1. (b) **答.** 点 A の, 点 B に関して対称な点は, 線分 AB を $2:1$ の比に外分する.

第2章

5-7. (3) ここでは，いつもとは違って，最初に面積を求め，次に辺の長さを求める．方眼紙上でこの正方形の面積を求めなさい．そうすると，ピタゴラスの定理を使わずに辺の長さが求まる．

7-2. 指示．3 点 A,B,C が同一直線上の点でなければ，これらの点は三角形の頂点となり得る．また，これらの点が同一直線上にあれば，三角形は線分に「退化」する．これらのそれぞれの場合の距離 $|AB|,|BC|,|AC|$ の関係を考えよう．

7-5. 指示．中点の座標の式を使うと都合がよい．

8-6. 指示．円の標準形の方程式に移す．必ず答を確認すること．

8-7. (1) 曲線が x 軸に関して対称であることを証明するには，この曲線のすべての点について，y 軸に関して対称な点がこの曲線上の点であることを証明しなければならない．つまり，点 $M(a,b)$ がこの曲線上の点であれば，点 $M'(-a,b)$ もこの曲線上の点であることを証明しなければならない．

(2) この類の主張を確認するためには，この座標軸に関して対称でない点がこの曲線上に少なくとも 1 つ存在することを示せば十分である．いまの場合は，この曲線と y 軸との交点を考えると都合がよい．

9-6. 指示．この直線が点 $A(a,0),B(0,b)$ を通ることを利用して[1]，例題 3（96 ページ）の方法を使う．なお，2 点を通る直線の方程式を使うこともできる（102 ページの例題 6）．

---

[1] 92 ページの脚注を参照．

9-10. 指示. 傾き k_1, k_2 を求め，これらが直交性の条件を満たすこと，すなわち $k_1 \cdot k_2 = -1$ が成り立つことを証明しなさい．

9-12. 指示. この問題に示された方程式は，練習問題 9-6 を一般化して解くことで得られる．しかしこの方程式は問題文中に初めから与えられていることを利用すれば，次の2つの事実を直接確かめることで証明が完成する．(1) この方程式は<u>直線の方程式</u>[2] である．(2) この直線は点 $M(x_1, y_1)$ と点 $N(x_2, y_2)$ を通る．

9-17. 注意. 前の練習問題と違って，この問題では交点そのものの座標は必ずしも求めなくてもよいことに注意．それが存在するかどうかを明らかにするだけでよい．

10-1. この軌跡は，もちろん学校で学んでいる．

11-16. これらの問に答えるためには，$\pi \fallingdotseq 3.14$ よりも精度の高い π の近似値が必要になる．小数点以下5桁の数字を覚えるのは簡単である．

努力しさえすればよい．

$$3, 14, 15, 926$$

を暗唱して覚えよう．

つまり，$\pi \fallingdotseq 3.1415926$ となる（0.0000001 の精度で）．

第3章

12-1. (6) **答.** 立方体の内部および面上にある点の座標 x, y, z は，0と1との間の任意の値を（両端を含めて）とり得る．言い換えれば，次の不等式を満たす．

$$0 \leqq x \leqq 1, \quad 0 \leqq y \leqq 1, \quad 0 \leqq z \leqq 1$$

---

[2] たとえば，この方程式を傾きを含む形の方程式に移すことによって示される．

12-2. (3) **答.** 存在する．それは原点 $(0,0,0)$．

14-2. 答. 単位立方体の主対角面 BB_1D_1D の方程式は
$$\frac{x}{1}+\frac{y}{1}=1 \text{ つまり } x+y=1.$$

14-8. (3) **注意.** もちろん，「2 つの平面の交わりは直線である」ということはよく知られた事実であって，この問題は古めかしいと思われるかもしれない．実は，3 点が 1 つの直線上にあることを，たとえその「起源」を知らなくても証明できることを著者は望んでいる．たとえば，平面上での類似の問題 7-2 をどのように解いたかを見るとよい．

14-9. 答. 3 点 M, N, L を通る平面の方程式の例は $3x-5y+z=7$．他にもある．

15-1. 指示. この問題は 157 ページの例題 1 との類推で解ける．まず対角線の，2 つの座標平面への正射影の方程式を求める．次に，点 $(1,2,3)$ がこの直線上にあることを利用して解を $x=ky=lz$ の形で求める．

15-5. 助言. 直線を xy 平面に射影する平面の方程式は z を含まない．それは，この平面が xy 平面に垂直，つまり z 軸に平行だからである．正射影は正射影する平面と正射影先

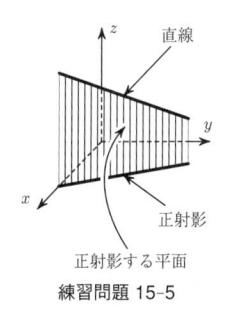

練習問題 15-5

の平面との交わりでもある（図参照）．

15-6. 指示． MN を軸とする平面束の方程式を書き，束の平面が与えられた第3の点を通るように，係数 k, l の値を求める．

15-7. 指示． 3点のうちどれか2つの点を通る直線の方程式を書き，続いて，上記 **15-6** の指示に従う．

16-1. 答． どちらかの場合に，問題は解をもたない（理由を述べること）．

16-6. 注意． 点 A が (a)～(d) のどの直線にも含まれないかどうかを必ず確かめるように．

16-8. (b) 注意． この場合には，正規形の方程式に書きかえなくても証明できる．

第4章

18-4. 重要な注意． ピタゴラスの定理「直角三角形の斜辺の平方は他の二辺の平方の和に等しい」がこの問題を解くのにも使えるかどうかを考えなさい．

19-2. 指示． 次のようにするとよい．まずは図に頼らないで解析的（算術的）な定義だけを使って，通常の3次元立方体の6つの面を与える6つの方程式をすべて書く．

答． 4次元立方体には24の2次元面がある．

19-6. 指示． 頂点の1つを選び（一番よいのは $(0,0,0,0)$），その頂点から他の頂点への距離をすべて計算する．2点間の距離を計算する公式と，頂点の座標はわかっているので，あとは簡単な計算をしさえすればよい．

19-13. 指示． 完璧な解答にするには，球面の方程式のほかに中心の座標と半径も求めること．そして，球面が立方体の16個すべての頂点を通ると言える理由を述べること．

19-14. 指示． 4次元立方体についての問題は，3次元の

答・指示・解法   265

場合との類推で解くことができるので，3次元立方体の切断面について少々詳しく整理しておく．

1. 3次元の場合

各辺の長さが1である単位立方体を考える（頂点の1つが原点となるよう空間に置く．137ページ参照）．はじめに，原点から伸びる主対角線に垂直な平面は，反対側の頂点から伸びる辺上の点を通る平面であることを思い出そう（236ページの補充問題 III-21 参照）．

次に，関心のある切断平面はいずれも互いに平行であり，立方体のどの面とも平行線で交わる．このとき，これらのすべての平面は頂点 $(0,0,0)$ から伸びる辺を，同じ長さの線分だけ切り取る[3]．こうして，立方体を切断する平面が最初に原点 $(0,0,0)$ を通るとき，切断面は1点である（図a）．

切断する平面を少し移動すると，切断面は3つの辺上で同じ長さの線分を切り取る．それらの線分はつながっていて小さな正三角形になる（図bの斜線部）．

切断する平面を主対角線に沿って移動していくと，切断面の三角形は大きくなる（図c）．三角形が最も大きくなるのは，その頂点が立方体の頂点と一致するときである（図d）．

さらに移動を続けると，三角形の頂点が立方体の外へ「はみ出して」，切断面は三角形ではなく，辺の長さが違う歪んだ六角形となる（図e）．

「はみ出した」部分の辺は移動とともに次第に長くなって，

---

[3] 3次元空間を2次元の図で表すと，同じ長さの線分でも方向が違えば違った長さで描かれるので，図で同じ長さだからと言って実際の長さも同じだとは限らない．しかし，線分の長さの比は，図でも実際の図形でも同じように表される．たとえばすべての座標軸について，座標が $\frac{1}{2}$ である点は，長さが1の線分の真ん中の点である．

(a) (b) (c)
(d) (e) (f)

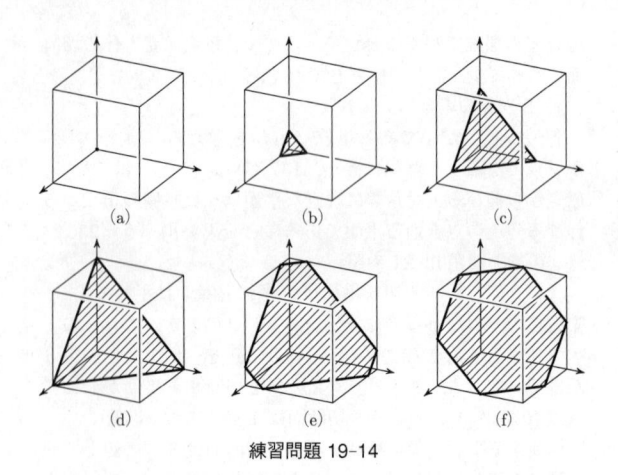

練習問題 19-14

正六角形になる（図 f）.

この時点から，切断面はこれまでとは逆の順に変形し始める．立方体の 6 つの面のうち 3 つの面にできる三角形は小さくなっていき，やがて 1 点になる．切断面も次第に小さくなり，頂点 $(1,1,1)$ で点になる．

図 A は，仮に切断面に住むアリがいて，この「アリ平面（= 切断面）」がどのように見えているかを「自然な」形で描いた「アニメーション」である．最初は点に見えていたものが小さい三角形になり，その後は図に示すとおりである．

2. 4 次元の場合

これまでのことからの類推で，4 次元立方体の切断面を調べることが容易になった．

4 次元の場合は，最初は 4 次元立方体を切る切断面，つま

り3次元「平面」[4]が最初は4次元立方体の頂点 $(1,1,1,1)$ にあるものとする.

切断《平面》の移動を続けると, 頂点 $(1,1,1,1)$ から伸びる4本の辺すべてと交わって, そこから同じ長さだけ辺を切り取る（図B）. これらの4点を結ぶと, 3次元図形である四面体が得られる.

主対角線に沿って《平面》を移動させると,《平面》は4次元立方体から次第に大きくなる四面体を刻み取る. 四面体が最も大きくなるのは, その頂点が4次元立方体の頂点と一致するときである[5].

次の文章の「……」の部分に適切な言葉を補って, 3次元の場合との類推で, この問題の解答を完成させなさい.

《平面》の移動を続けると「……」(どの) 頂点から《平面》が「はみ出して」,「……」(何) になり, 切断面は「……」(何) から, 歪んだ「……」(何) となる.

次第に「……」は平らになり, 切断面は正「……」になる.

ここから先, 切断面はこれまでとは逆の順序を辿り,「……」のうち「……」の側面で,「……」は一点に固まり, 切断面は「……」になり, それは次第に小さくなって, ついには点になる.

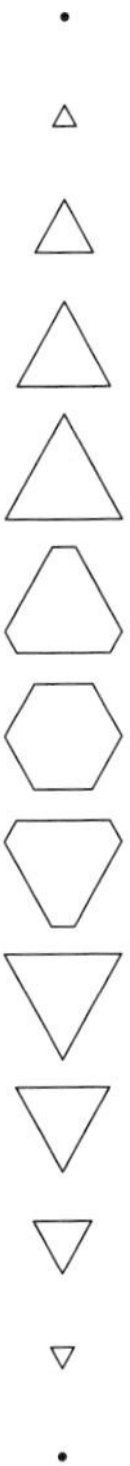

19-14. (2) 指示.「アニメーション」は図Cから始まる（続きを描きなさい）.

図A

---

[4] 今後, 記述を簡単にするために, 3次元平面を《 》を付けて《平面》と書くことにする.

[5] これらの頂点の順序は,「出発の」頂点に関してどうなりますか.

図B

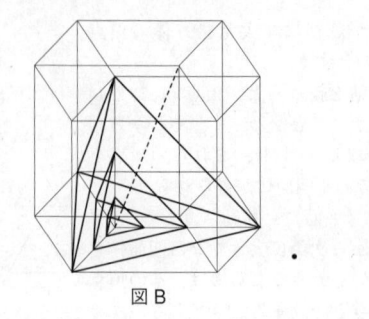

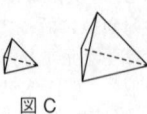

図C

補充問題

I-2. (c) **指示**. この問に正しく答えるためには, 数 π の十分精確な近似値
$$\pi = 3.1415926\cdots$$
が必要になる. この近似値は 262 ページで述べたように覚えるとよい.

I-8. (2) **答**. すべての場合を 1 つの式にまとめると, $\rho(A, A') = |a|$.

I-9. (1) **答**. 点 $B(b)$ は点 $B'(b+b-a)$ に重なる.

I-13. (a) **解法**. この式は幾何学的には, ある点 $X(x)$ から与えられた点 $A(-1)$ までの距離と, 点 $B(1)$ までの距離との和を意味する. この和が最小になるのは点 X が線分 AB 上のどの点であってもよくて, そのとき式の値は AB の距離に等しい.

答. 式 $|x+1|+|x-1|$ は $-1 \leq x \leq 1$ のとき最小となり, その値は 2.

(b) **答**. 式 $|x+1|+|x-3|+|x-1|$ は $x=1$ のとき最小となり, その値は 4.

I-18. (1) **注意．** 2点 M_1, M_2 が線分 AB を3等分するとするとき，点 M_1 は線分 AB を $1:2$ の比に内分し，点 M_2 は $2:1$ の比に内分する．ところが，点 M_2 は線分 BA を，点 M_1 が線分 AB を分割する比と同じ比で内分する．

I-24. (1) **指示．** 解析的証明が240ページでどのように行われているか見なさい．

(4) 定理「数 n が自然数の平方でなければ，素因数分解には奇数次の素数の項を少なくとも1つ含まなければならない」を使う．

II-3. (1) **勧告．** 方眼紙に図を描けば，問題は簡単に解ける．

(2) (a) **答．** 移動した正方形を，座標原点のまわりに時計の針と反対の方向に $90°$ 回転させなければならない．

II-5. (2) **答．** 正方形の集合は半直線 $x=y, x>0$ で表示される．

(6) 問題に与えられた条件を式に表すと $ab=k$ (k は任意の正の数) となる．$k=1$ とすると，面積が1であるすべての長方形は，曲線 $xy=1$ すなわち $y=\dfrac{1}{x}, x>0$ の点であって，双曲線の1つの分枝上の点で表される．面積が1でない場合（たとえば $k=3$）には，双曲線の別の分枝上の点であることになる．

答． 面積が同じ長方形は $y=\dfrac{k}{x}, k>0, x>0$ の形の双曲線の分枝の集まりで表現される．

II-12. (1) **指示．** x を y で表すこと，およびその逆を試み，変数がどんな値をとり得るかを考える．

II-14. (1) **解法．** 証明は2つの部分に分けて行う．まず，A, B が任意の値である方程式
$$A(x-x_0)+B(y-y_0)=0 \qquad (*)$$

で与えられる直線は点 M を通ることを示し，次に，逆に点 M を通るどの直線の方程式も，A, B をある値とするこの形の方程式から得られることを示す．

注意. 式 (*) は求めるべき直線をすべて残らず与えることに注意（100 ページの例題 5 と比べてみよ）．

(2) **助言.** 直線束の中心を通る直線はどれかを調べる．

II-15. 答. 点 $M(x_m, y_m)$ と点 $N(x_n, y_n)$ を通る直線の傾き k_{MN} は，これらの点の x 座標，y 座標それぞれの差の比で与えられる．

$$k_{MN} = \frac{y_n - y_m}{x_n - x_m}$$

II-19. 解法. ここでも特定の例 ($k = 3$) をとりあげる．図を描き，定理を次のように書いておく．

前提：$|AM| : |BM| = 3 : 1$（仮定として）

結論：M は円周上の点である．

三角形 AMB の頂点 M から角 AMB を二等分する線を引き，線分 AB との交点を N とする．また，角 AMB の外角（線分 AM を延長したとき MB 側にできる角）を二等分する線を引き，線分 AB を延長した直線との交点を L とする．このとき角 NML が直角であることを証明して，結論を導く．

II-21. 注意. この問題では，厳密な基礎づけのある答えは期待していない．求める曲線が「点ごとに」近づくことを見て，よく知られた曲線のどれに似ているかを尋ねている．

II-23. 注意. 正しく答えるには，特にその答に論理的根拠を与えるには，次のことを理解していなければならない．すなわち，どの無理数も p と q を整数とする分数 $\frac{p}{q}$ の形には表されない．そして，数 π は無理数である．

III-4. (1) **答.** 2 点 $M(2, -3, 1), N(4, 5, -5)$ から等距離

にある点の軌跡は，方程式 $x+4y-3z=13$ で与えられる．

III-6. 助言. 1つの方程式と2つの不等式が必要．

III-7. 指示. この曲面の，xy 平面に平行な平面（つまり a を任意の値として $z=a$ で与えられる平面）による切断面にどんな図形が得られるか，また，この曲面と yz 平面との交わり，および zx 平面との交わりである曲線を考える．

例として，この曲面が z 軸を通る平面，すなわち方程式 $y=kx$ で与えられる平面で切られたときに，どんな図形が得られるかをみておく．

いまの曲面の方程式の y に，これに等しい式 kx を代入すると，次のようになる．

$$x^2+(kx)^2-z^2=0$$
$$\iff (1+k^2)x^2-z^2=0$$
$$\iff (\sqrt{1+k^2}\cdot x-z)\cdot(\sqrt{1+k^2}\cdot x+z)=0$$
$$\iff \begin{cases} \sqrt{1+k^2}\cdot x-z=0 \\ \text{または} \\ \sqrt{1+k^2}\cdot x+z=0 \end{cases}$$

すなわち $\begin{cases} \sqrt{1+k^2}\cdot x=z \\ \text{または} \\ -\sqrt{1+k^2}\cdot x=z \end{cases}$

したがって，求める曲面と z 軸を通る任意の平面との交わりは，直線 $z=\sqrt{1+k^2}\cdot x$ と，これと x 軸に関して対称な直線 $z=-\sqrt{1+k^2}\cdot x$ との組である．

この曲面は何か？

III-9. (3) 注意. 言うまでもなく，それぞれの平面の方程式を連立方程式にまとめて，これらの直線の方程式が簡単に

書ける.それでも,直線の正規形の方程式を書くように.

III-12. 助言. 座標原点,座標軸,座標平面に対する点の位置を考える.

III-18. (b) **答.** 問題には解がない(理由を述べなさい).

III-21. 指示. この結果を後で引用するので,憶えておくように.

IV-2. 助言. どの空間においても,直線は1次元の集合であることを利用する.

IV-4. 指示. 4次元空間の3点が一直線上にあるための条件がどのような形になるか,3次元空間,2次元空間との類推で考えてみること.

IV-8. 解法. アリの道筋を折れ線とみなし,この折れ線の折点の座標を逐次明らかにしてその道筋を描く(あるいは,アリの道を4次元立方体の図の上に描く).

IV-10. 指示. この問題に対応する連立方程式の解の個数を関連づけること.

訳者あとがき

この本について

　本書は中学生・高校生の学生には数学の入門書として，また，数学を学びなおそうとされる方々には再入門の書になるよう，ロシア語から翻訳したものです．原書のすばらしさをお伝えできることを望んでいます．

　原書旧版は好評を得て，1967 年には英語に翻訳されています．この英語訳からの日本語訳に『座標（ゲルファント先生の学校に行かずにわかる数学 2）』（岩波書店，2000 年）があります．今回の翻訳は 2007 年に刊行されたロシア語第 7 版を使用しており（ただし，序文は第 6 版のままです），旧版から第 7 版にかけて第 1〜3 章が大幅に増補されるとともに，巻末には補充問題や注が新たに追加されています．翻訳にあたり，岩波版を適宜参考にさせていただきました．お礼を申しあげます．

本書の読み方

　まず冒頭の「読者のみなさんへ」で，原書出版の経緯と趣旨を，主著者ゲルファントの言葉とあわせて読む

とよいでしょう．「序文」でこの本を読む上での注意を，さらに「第6版への序文」で改訂事項などを理解されるとよいでしょう．つづいて，本文を読み始めるまえに「はじめに」と「第4章 4次元空間」の「§17 はじめに」を読んで，本書のテーマである「座標法」の概要と意義を知っておくのがよいでしょう．

点の位置を表す数の組をその点の「座標」と言い，そのように表すことを「座標法」と言います．つまり，座標はモノで座標法はコトです．文字や画像を点の集まりと考えると，それらの点を座標で表し，伝送することができます．同様に数学では図形を点の集合とみなし，座標系を与えることで，それらの点を座標で表し，さらには座標どうしの間に成り立つ関係を方程式や不等式で表すことができます．その逆も行うことができて，代数と幾何が「ひとつ」となります．こうして，座標法は数学において様々な形で大変重要な役割を果たします．

その座標法を概念図に描いておきましょう（次ページ）．この図の上の部分の三角形は，数学全般に通用します．

この本では，"単純"から"複雑"へと一般化される数学の過程を，1次元，2次元，3次元，そして4次元へと，図を多用しながらも概念と式を軸に，そして類推（アナロジー）によって記述されています．交通標識を頼りに，多くの例題と練習問題を解くことで，確実な理解が得られるように書かれています．原書は現行の教材

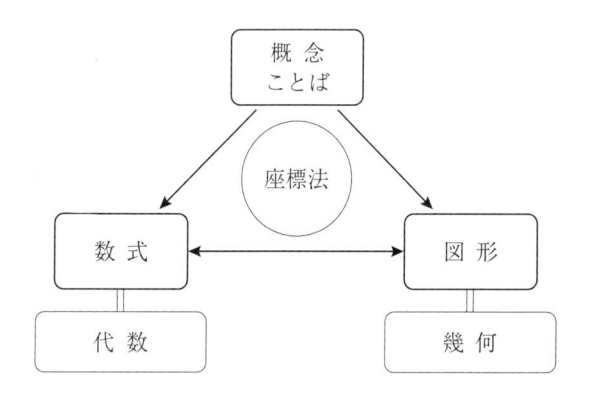

```
         ┌─────────┐
         │ 概 念   │
         │ ことば  │
         └─────────┘
          ↙       ↘
      ( 座標法 )
    ┌──────┐    ┌──────┐
    │ 数 式│←→│ 図 形│
    └──────┘    └──────┘
       │           │
    ┌──────┐    ┌──────┐
    │ 代 数│    │ 幾 何│
    └──────┘    └──────┘
```

であることもあってか，限られた練習問題について，巻末でヒントや解説が書かれているだけで，全問には解答がありません．はじめて読むときは，いくつかの練習問題を解き，標識にしたがって各自の理解を確かめながら進まれるとよいでしょう．

原著者の紹介

I.M.ゲルファント (1913-2009) 現ウクライナ，オデッサ生．「20世紀の数学者の最高峰」，「数学のソビエト派の父」とも言われます．研究領域は数学のほぼ全分野におよび，さらに生物学にも関係しています．単著・共著は合わせて800編，学術書は30点にも及ぶ驚くべき数です．80歳を越えてなお創造的活動を続けられましたが，このことは「簡単なことで，生涯，学生

のように学び続けているから」であると述べています．1941-1990 年の間はモスクワ大学で教え，多くの著名な数学者を輩出しました．長期間開催された独特なゼミナールは世界的にも有名です．76 歳の誕生日のわずか前，1989 年にアメリカに移住され，大学教授となりました．日本の多くの数学者とも交流があり，1998 年に京都賞を受賞しています．

15 歳のとき，ある本で数学を学んでいて「代数と幾何の垣根がくずれ，数学はひとつになった」という出来事を経験して以来，「数学はひとつ」という信念を生涯持ち続けました．2003 年，ハーバード大学で開かれたゲルファント 90 歳記念研究集会のタイトルは「数学はひとつ」(The Unity of Mathematics) でした．この信念は手元のこの本の背景にもあると言えるでしょう．

E. G. グラゴレヴァ (1926-2015) モスクワ生．「通信制数学学校」(7 ページ参照) の創設者のひとりであり，ゲルファントともにその運営にかかわり，教材となる書籍の執筆など，昨年 7 月に逝去するまで半世紀以上にわたって貢献されました．数学教育の女性研究者として，また雑誌への投稿などでも活躍をされました．

A. A. キリロフ (1936-) モスクワ生．モスクワ大学教授，ペンシルヴェニア大学教授．ゲルファントの指導を学生時代に受けました．代数学と関数解析の分野での多くの優れた業績があります．かつてキリロフの講義を聴講したある著名な数学者の話では，立派な人物であっ

て，講義はカリスマ性のある魅力的なものであったとのことです．

これから読む本について

座標法に関してさらに高度なことを学ぶには，例えば次があります．

L.S.ポントリャーギン『座標・線・面（ポントリャーギン数学入門双書）』，森北出版，1994

また，本書の姉妹編にあたる次の本が近刊予定です．

I.M.ゲルファント他（坂本實訳）『関数とグラフ（ゲルファント やさしい数学入門）』

「ちくま学芸文庫」には多数の適切な本があります．次はその一例です．

L.S.ポントリャーギン（坂本實訳）『やさしい微積分』

最後になりますが，編集部の海老原勇様には，多くの適切なご指摘をいただき，索引作成など，多面にわたり心強いお力をいただきましたことに感謝し，お礼を申しあげます．

2016年1月25日

坂本　實

索　引

ア　行

アルキメデスの螺線　124
1対1対応　20, 59, 128, 136
一般形　94, 153
x座標　58, 134
x軸　56, 133, 196
円周座標系　127
円周の方程式　82, 124, 145
円積問題　112
円柱面の方程式　144, 248

カ　行

解析幾何　182
外分　50
角の三等分の問題　112
カーディオイド　87, 124
軌跡　81
球面の方程式　141
極座標系　119
空集合　66, 144
原点　18

サ　行

作図不能問題　113
座標　19, 25, 58
座標系　18, 116
座標軸　56, 133, 195
座標平面　56, 133, 196
3次元座標平面　199
3次元面　215
自己相似　244
始線　119

実

実数論　242
斜交座標系　117, 256
集合　23, 81
主対角線　218
順序対　58
象限　57
数直線　18
正規形　162
正射影　57, 157
正方形　206
絶対値　26
z座標　135
z軸　133, 196
切片　91, 148
切片形　92, 152
相対性理論　192

タ　行

代数幾何　182
対数螺線　244
縦座標　58, 134
縦軸　56, 133
単位　18
単位立方体　137, 150, 205
中線　161
中点　45, 47, 79, 137
頂点　207
直線束　101, 231
直交座標系　56, 256
追加座標　135
追加軸　133
t軸　196
動径　119

導線　248
同値　34, 83, 97, 169

　　　　　ナ　行

内分　50
2次元面　213

　　　　　ハ　行

パラメータ　22, 253, 254
ピタゴラスの定理　75
比の値　47
標準形　83
分割　47
平面束　168
ベクトル　246, 255
辺　207, 211
偏角　119
放物線の方程式　85
母線　248

　　　　　マ　行

交わり（平面の）　198
ミンコフスキー空間　193

　　　　　ヤ　行

有理数　240
横座標　58, 134
横軸　56, 133
4次元球面　203
4次元立方体　206

　　　　　ラ　行

ラジアン　119
立方体の倍積の問題　112

　　　　　ワ　行

y 座標　58, 134
y 軸　56, 133, 196

本書は「ちくま学芸文庫」のために新たに訳出されたものである。

応用数学夜話

森口繁一

俳句は何兆句もっとも効率的に利益を得るには？　安売りをしてもっとも効率の中の現象と数学をむすぶよみ切り18話。

フィールズ賞で見る現代数学

マイケル・モナスティルスキー
眞野元訳

「数学のノーベル賞」とも称されるフィールズ賞。その誕生の歴史、および第一回から二〇〇六年までの歴代受賞者の業績を概説。 (伊理正夫)

角の三等分

矢野健太郎

コンパスと定規だけで角の三等分は「不可能」！なぜ？　古代ギリシアの作図問題の核心を平明懇切に解説し「ガロア理論入門」の高みへと誘う。

エレガントな解答

一松信解説

ファン参加型のコラムはどのように誕生したか。師アインシュタインと相対性理論、パスカルの定理などやさしい数学入門エッセイ。 (一松信)

思想の中の数学的構造

山下正男

レヴィ＝ストロースと群論？　ニーチェやオルテガの遠近法主義、ヘーゲルと解析学、孟子と関数概念...。数学的アプローチによる比較思想史。

熱学思想の史的展開1

山本義隆

熱の正体は？　その物理的特質とは？『磁力と重力の発見』の著者による壮大な科学史。熱力学入門書としての評価も高い。全面改稿。

熱学思想の史的展開2

山本義隆

熱力学はカルノーの一篇の論文に始まり骨格が完成した。熱素説に立ちつつも、時代に半世紀も先行していた。理論のヒントは水車だったのか。

熱学思想の史的展開3

山本義隆

隠された因子、エントロピーがついにその姿を現わす。そして重要な概念が加速的に連結し熱力学が体系化されていく。全3巻完結。

数学がわかるということ

山口昌哉

非線形数学の第一線で活躍した著者が〈数学とは〉をしみじみと、〈私の数学〉を楽しげに語る異色の数学入門書。 (野﨑昭弘)

フラクタル幾何学（下）
B・マンデルブロ
広中平祐監訳

「自己相似」が織りなす複雑で美しい構造とは。その数理とフラクタル発見までの歴史を豊富な図版とともに紹介。

工学の歴史
三輪修三

オイラー、モンジュ、フーリエ、コーシーらは数学者であり、同時に工学の課題に方策を授けていた。「ものづくりの科学」の歴史をひもとく。

ユークリッドの窓
レナード・ムロディナウ
青木薫訳

平面、球面、歪んだ空間、そして……。幾何学的世界像は今なお変化し続ける。『スタートレック』の脚本家が誘う三千年のタイムトラベルへようこそ。

ファインマンさん 最後の授業
レナード・ムロディナウ
安平文子訳

科学の魅力とは何か？創造とは、そして死とは？老境を迎えた大物理学者との会話をもとに書かれた、珠玉のノンフィクション。（山本貴光）

生物学のすすめ
ジョン・メイナード=スミス
木村武二訳

現代生物学では何が問題になるのか。20世紀生物学に多大な影響を与えた大家による、複雑な生命現象を理解するためのキー・ポイントを易しく解説。

現代の古典解析
森 毅

おなじみ一刀斎の秘伝公開！極限と連続に始まり、指数関数と三角関数を経て、微分方程式に至る。見晴らしのきく、読み切り22講義。

数の現象学
森 毅

4×5と5×4はどう違うの？きまりごとの算数からその深みへ誘う認識論的数学エッセイ。日常の中の数を歴史文化に探る。（三宅なほみ）

ベクトル解析
森 毅

1次元線形代数学から多次元へ、1変数の微積分から多変数へ。応用面と異なる、教育的重要性を軸に展開するユニークなベクトル解析のココロ。

対談 数学大明神
森 毅
安野光雅

数楽的センスの大饗宴！読み巧者の数学者と数学ファンの画家が、とめどなく繰り広げる興趣つきぬ数学談義。（河合雅雄・亀井哲治郎）

計算機と脳	J・フォン・ノイマン 柴田裕之訳	脳の振る舞いを数学で記述することは可能か？ 現代のコンピュータの生みの親でもあるフォン・ノイマン最晩年の考察。
数理物理学の方法	J・フォン・ノイマン 野崎昭弘訳	多岐にわたるノイマンの業績を展望するための文庫オリジナル編集。本巻は量子力学・統計力学など物理学の重要論文四篇を収録。全篇新訳。
作用素環の数理	J・フォン・ノイマン 伊東恵一編訳	終戦直後に行われた講演「数学者」と、「作用素環について」Ⅰ〜Ⅳの計五篇を収録。一分野としての作用素環論を確立した記念碑的業績を網羅する。
フンボルト 自然の諸相	アレクサンダー・フォン・フンボルト 木村直司編訳	中南米オリノコ川で見たものとは？ 植生と気候、緯度と地磁気などの関係を初めて認識した、ゲーテ自然学を継ぐ博物学・地理学者の探検紀行。
新・自然科学としての言語学	福井直樹	気鋭の文法学者によるチョムスキーの生成文法解説書。文庫化にあたり旧著を大幅に増補改訂し、付録として黒田成幸の論考「数学と生成文法」を収録。
電気にかけた生涯	藤宗寛治	実験・観察にすぐれたファラデー、電磁気学にまとめたマクスウェル、ほかにクーロンやオームなど科学者十二人の列伝を通して電気の歴史をひもとく。
πの歴史	ペートル・ベックマン 田尾陽一／清水韶光訳	円周率だけで意外なところに顔をだすπ。ユークリッドやアルキメデスによる探究の歴史に始まり、オイラーの発見するπの不思議にいたる。
やさしい微積分	L・S・ポントリャーギン 坂本實訳	微積分の基本概念・計算法を全盲の数学者がイメージ豊かに解説。版を重ねて読み継がれる定番の入門教科書。練習問題・解答付きで独習にも最適。
フラクタル幾何学（上）	B・マンデルブロ 広中平祐監訳	「フラクタルの父」マンデルブロの主著。膨大な資料を基に、地理・天文・生物などあらゆる分野から事例を収集・報告したフラクタル研究の金字塔。

ポール・ディラック	アブラハム・パイスほか 藤井昭彦訳	「反物質」なるアイディアはいかに生まれたのか、そしてその存在はいかに発見されたのか。天才の生涯と業績を三人の物理学者が紹介した講演録。
近世の数学	原 亨吉	ケプラーの無限小幾何学からニュートン、ライプニッツの微積分学誕生に至る過程を、原典資料を駆使して考証した世界水準の作品。
パスカル 数学論文集	ブレーズ・パスカル 原 亨吉訳	『パスカルの三角形』で有名な「数三角形論」ほか、「円錐曲線論」「幾何学の精神について」など十数篇の論考を収録。世界的権威による翻訳。(三浦伸夫)
幾何学基礎論	D・ヒルベルト 中村幸四郎訳	20世紀数学全般の公理化への出発点となった記念碑的著作。ユークリッド幾何学を根源まで遡り、斬新な観点から厳密に基礎づける。(佐々木力)
和算の歴史	平山 諦	関孝和や建部賢弘らのすごさとは、そして和算がたどった歴史とは。和算研究の第一人者による簡潔にして充実の入門書。(鈴木武雄)
素粒子と物理法則	R・P・ファインマン S・ワインバーグ 小林澈郎訳	量子論と相対論を結びつけるディラックのテーマを対照的に展開した歴史あるノーベル賞学者による追悼記念講演。現代物理学の本質を堪能させる三重奏。
ゲームの理論と経済行動 I (全3巻)	ノイマン/モルゲンシュテルン 銀林/橋本/宮本監訳 阿部訳	今やさまざまな分野への応用いちじるしい「ゲーム理論」の嚆矢とされる記念碑的著作。第I巻はゲームの形式的記述とゼロ和2人ゲームについて。
ゲームの理論と経済行動 II	ノイマン/モルゲンシュテルン 銀林/橋本/宮本監訳 下島訳	第I巻の2人ゲームの考察を踏まえ、第II巻ではプレイヤーが3人以上の場合のゼロ和ゲーム、およびゲームの合成分解について論じる。
ゲームの理論と経済行動 III	ノイマン/モルゲンシュテルン 銀林/橋本/宮本監訳 銀林訳	第III巻では非ゼロ和ゲームにまで理論を拡張。これまでの数学的結果をもとにいよいよ経済学の解釈を試みる。全3巻完結。(中山幹夫)

高等学校の基礎解析	黒田孝郎/小島順/野﨑昭弘/森毅 ほか	わかってしまえば日常感覚に近いものながら、数学挫折のきっかけの微分・積分。その基礎を丁寧にひもといた再入門のための検定教科書第2弾!
高等学校の微分・積分	黒田孝郎/小島順/野﨑昭弘 ほか	高校数学のハイライト「微分・積分」。その入門コース『基礎解析』に続く本格コース。公式暗記の学習からほど遠い、特色ある教科書の文庫化第3弾。
トポロジー	野口廣	現代数学に必須のトポロジー的な考え方とは? 集合・写像・関係・位相などの基礎から、ていねいに図説した定評ある入門書。
トポロジーの世界	野口廣	ものごとを大づかみに捉える! その極意を、数式に不慣れな読者との対話形式で、図を多用し平易・直感的に解き明かす入門書。(松本幸夫)
エキゾチックな球面	野口廣	7次元球面には相異なる28通りの微分構造が可能! フィールズ賞受賞者を輩出したトポロジー最前線を臨場感ゆたかに解説。(竹内薫)
数学の楽しみ	安原和見訳 テオニ・パパス	ここにも数学があった! 石鹼の泡、くもの巣、雪片曲線、一筆書きパズル、魔方陣、DNAらせん……。イラストも楽しい数学入門150篇。
相対性理論(下)	内山龍雄訳 W・パウリ	アインシュタインが絶賛し、物理学者内山龍雄をして、研究を措いても訳したかったと言わしめた相対論三大名著の一冊。(細谷暁夫)
物理学に生きて	青木薫訳 W・ハイゼンベルクほか	「わたしの物理学は……」ハイゼンベルク、ディラック、ウィグナーら六人の巨人たちが語る、それぞれの歩んだ現代物理学の軌跡や展望を語る。
調査の科学	林知己夫	消費者の嗜好や政治意識を測定するとは? 集団特性の数量的表現の解析手法を開発した統計学者による社会調査の論理と方法の入門書。(吉野諒三)

数とは何かそして何であるべきか

リヒャルト・デデキント
渕野昌訳・解説

「数とは何かそして何であるべきか？」「連続性と無理数」の二論文を収録。現代の視点から数学の基礎付けを試みた充実の訳者解説付き。新訳。

物理の歴史

朝永振一郎編

湯川秀樹のノーベル賞受賞。その中間子論とは何なのだろう。日本の素粒子論を支えてきた第一線の学者たちによる平明な解説書。

代数的構造

遠山啓

群・環・体など代数の基本概念の構造を、構造主義の歴史をおりまぜつつ、卓抜な比喩とていねいな計算で確かめていく抽象代数学入門。(江沢洋)

現代数学入門

遠山啓

現代数学、恐るるに足らず！　学校数学より日常の感覚の中に集合や構造、関数や群、位相の考え方を探る大人のための入門書。（エッセイ　亀井哲治郎）

現代数学への道

中野茂男

抽象的・論理的な思考法はいかに生まれ、何を生む？　入門者の疑問やとまどいに目を配りつつ、数学の基礎を軽妙にレクチャー。充実した資料も充実。（銀林浩）

不完全性定理

中村禎里

進化論や遺伝の法則はいかにして決着し、現代に及んでいるのだろう。生物学とその歴史を高い水準でまとめあげた壮大な通史。

生物学の歴史

野﨑昭弘

事実・推論・証明……。理屈っぽいとケムたがられる話題を、なるほどとと納得させながら、ユーモアたっぷりにひもといたゲーデルへの超入門書。（一松信）

数学的センス

野﨑昭弘

美しい数学は詩なのです。いまさら数学者にはなれないけれどそれを楽しめたら……。そんな期待に応えてくれる心やさしいエッセイ風数学再入門。

高等学校の確率・統計

黒田孝郎／森毅／小島順／野﨑昭弘ほか

成績の平均や偏差値はおなじみでも、実務の水準には隔たりが！　基礎からやり直したい人のために伝説の検定教科書を指導書付きで復活。

ゲルファント やさしい数学入門
座標法

二〇一六年三月十日　第一刷発行

著　者　　I・M・ゲルファント
　　　　　E・G・グラゴレヴァ
　　　　　A・A・キリロフ

訳　者　　坂本　實（さかもと・みのる）

発行者　　山野浩一

発行所　　株式会社　筑摩書房
　　　　　東京都台東区蔵前二-五-三　〒一一一-八七五五
　　　　　振替〇〇一六〇-八-四一三三

装幀者　　安野光雅

印刷所　　大日本法令印刷株式会社

製本所　　株式会社積信堂

乱丁・落丁本の場合は、左記宛に御送付下さい。
送料小社負担でお取り替えいたします。
ご注文・お問い合わせも左記へお願いします。
筑摩書房サービスセンター
埼玉県さいたま市北区櫛引町二-一六〇四　〒三三一-八五〇七
電話番号　〇四八-六五一-〇〇五三

© MINORU SAKAMOTO 2016 Printed in Japan
ISBN978-4-480-09715-6 C0141